每日 달걀
매일

김수연 지음

for book

싼 재료로 맛있게, 매일매일 다르게! :: 두 번째 이야기

오늘도 달걀 몇 마리 잡으시죠.

매일 달걀만 먹고 살 수야 있나요?

우리 여자들은 하루 종일 머리가 좀 묵지근합니다. 숙제가 있어서 그렇습니다. 먹고사는 숙제. 떡이든, 밥이든, 죽이든… 그게 뭐든 하여간 밥상 위에 보란 듯이 차려내야만 한다는 중압감 때문이죠. 그나마 요즘은 삼시 세끼를 꼬박 해 먹을 일은 별로 없다지만, 한 끼라도 더 정성스럽게 음식을 만들어야 한다는 생각을 지울 수는 없습니다.

매일 해결해야 하는 끼니 걱정. 도대체 다들 뭘 해 먹고 사시나요? 식사 때가 되면 일단 하! 한숨을 깊게 내쉰 뒤에 냉장고를 뒤적거리죠. 뭐 있나? 뭐가 있나? 그럴 때 영락없이 눈에 들어오는 아주 소중한 녀석이 있습니다. 다름 아닌 달걀입니다. 사다가 며칠만 방치하면 이내 시들시들해지는 다른 식재료들과는 다르죠. 언제나 아주 탱글탱글 변함없는 자태로 나란히 줄 서 있는 귀한 아이들입니다.

그러니까 만만하기로 따지자면 달걀을 따라올 재료가 없지, 싶습니다. 달걀이야말로 음식의 감초이자 밥상 위의 재간둥이가 분명합니다. 그렇다고는 해도 매일 달걀만 먹고 살 수야 있나요? 달걀 프라이, 달걀말이, 달걀찜, 달걀볶음밥…. 몇 가지 해 먹다 보면 금세 시큰둥해지고 마는데요.

그래서 이 책을 만들기로 했습니다. 어느 집 냉장고에나 늘 있는 깜찍한 달걀을 가지고 반찬 걱정 줄일 수 있는 갖은 비법을 담고 싶었습니다. 달걀을 한층 다채롭게 즐길 수 있는 신의 한 수, 그 비법들을 녹인 책이라고 할 수 있을 것 같습니다.

달걀은 완전식품입니다. 그만큼 많은 영양소를 품고 있다는 뜻이니 더 반갑습니다. 싼 재료다, 한 주먹거리도 안 된다, 무시하지 말고 오늘부터 더 예뻐해 주기로 하지요.

〈에프북〉 일동

매일매일 다르게 해 먹으면 되지요.

반갑습니다. 요리하는 엄마 김수연입니다. '매일 요리' 시리즈의 두 번째 이야기로 이번에는 달걀을 한 보따리 안고 찾아왔습니다. 실은 고민이 참 많았습니다. 〈에프북〉 식구들이 찾아와서 달걀 요리책을 만들겠다고 하는데 될까, 싶었지요. 달걀이란 어떤 요리에나 쓸 수 있는 요긴한 식재료이지만, 메인이 되기에는 살짝 역부족이라는 생각 때문이었습니다. 그것도 거품 싹 걷어낸 일상의 요리, 쉽게 해 먹을 수 있는 메뉴들로만 구성해야 한다는 부담감 때문에 마음이 쓰였던 것 같습니다.

긴 고민을 접고 완성한 달걀 요리들이 눈앞에 있습니다. 만들어 놓고 보니 달걀을 좀 무시했던가 싶어서 미안해지기도 합니다. 한식, 일식, 중식과 양식까지… 차근차근 담아내고 보니 제법 든든합니다.

특히 늘 하지만 잘 안 되는 것들, 이를테면 달걀 조리의 기본이라고 할 수 있는 방법을 되도록 꼼꼼하게 소개하려고 애썼습니다. 달걀 프라이만 해도 노른자를 어느 정도 익히는가에 따라 맛이 다르니까요. 달걀말이는 터지기 십상이고, 일식당에서 맛볼 수 있는 보들보들한 달걀찜도 좀처럼 잘 되지 않는 음식 중 하나이니 말입니다. 기본부터 하나씩 살펴보시면서 혹 몰랐던 것들이 있다면 도움이 되었으면 좋겠습니다.

되도록 억지스러운 메뉴들은 배제하고, 많은 사람들의 입맛을 만족시킬 수 있는 평범한 음식들로 구성하기 위해 노력했습니다. 책 속에 담겨 있는 40여 가지의 메인 달걀 요리만 하나씩 해 먹어도 한 달은 거뜬할 것 같습니다. 이 책이 부디 독자 여러분들의 매일 밥상, 그 걱정을 덜어주는 기특한 선물이 되었으면 좋겠습니다.

요리하는 엄마, 김수연 씀

달걀 초급반

해도 해도 잘 안 되는 달걀의 기본 조리법을 배우는 시간

이렇게도 깜찍한 달걀
달걀을 사랑하지 않을 수 없는 디테일한 이유들

이렇게도 친절한 조리의 기본
달걀의 품격을 200% 높이는 신의 한 수! 기초 조리법

달걀 고급반

만들면서 놀라고, 먹어 보면 기절하는 일상의 달걀 요리

반찬이거나 별식이거나
밥상에 딱 올리면 게눈 감추듯 사라지는 참 기특한 달걀 요리들

달걀이 밥과 면을 만났을 때
다른 반찬 필요없는 한 끼 식사용 달걀 메뉴들

서양식 메뉴로
입맛 없는 아침 혹은 허세 밥상 차리고 싶은 날을 위하여!

달걀 초급반

해도 해도 잘 안 되는 달걀의 기본 조리법을 배우는 시간

이렇게도 깜찍한 달걀

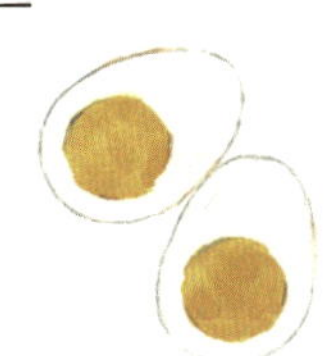

달걀을 사랑하지 않을 수 없는 디테일한 이유들

달걀이 좋아! 왜 좋아?

필수 영양소가 고루고루, 완전식품 달걀

달걀은 단백질을 비롯해 칼슘과 인, 철, 다양한 비타민 등 우리 몸에 필요한 영양소가 골고루 들어 있는 완전식품이다. 평소 식사에서 부족하기 쉬운 필수아미노산인 리신, 트립토판 등 양질의 단백질이 풍부하고, 특히 단백질 함유량은 쇠고기보다 많다. 달걀 2개에 함유된 단백질은 12g 정도로, 매일 2개씩 먹으면 하루 필요한 단백질의 30%가량을 보충할 수 있다. 칼슘은 우유보다 50% 많고, 철분은 시금치의 2배나 되며 콜린이라는 성분이 풍부해서 뇌를 보호하는 데도 효과적이다.

영양의 보고, 달걀노른자

한때 달걀노른자의 콜레스테롤 성분이 성인병의 원인이 된다고 하여 꺼리는 경우도 있었다. 그러나 최근 노른자에 들어 있는 레시틴이 오히려 콜레스테롤 수치를 낮추는 작용을 한다는 연구 결과가 발표되기도 했다. 영양학자들은 건강한 성인의 경우 달걀을 하루 한두 개 정도 꾸준히 먹는 것이 좋다고 한다.

흰자와 노른자는 같이 먹어야 건강하다

달걀은 노른자와 흰자의 영양 성분이 전혀 다르다. 흰자는 90%가 수분이며 단백질과 소량의 탄수화물을 함유하고 있지만 지방이 없는 것이 특징이다. 반면 노른자에는 지방 성분이 많아 열량이 높은 편이지만 비타민과 무기질은 노른자에만 있으므로 흰자와 노른자를 구분해서 먹는 것은 좋지 않다.

완전식품 달걀을 건강하게 먹는 법

달걀은 날로 먹는 것보다는 익혀서 먹는 게 좋다. 달걀의 아비딘이라는 단백질이 수용성 비타민 바이오틴의 소화 흡수를 방해하기 때문이다. 열을 이용한 조리법은 단백질의 성질을 변화시킬 뿐 영양소는 파괴하지 않는다. 익혀 먹으면 알레르기 유발 물질을 줄일 수 있고, 달걀 껍데기에 묻은 살모넬라균도 죽게 된다. 단, 달걀은 무기질 중 인이 칼슘보다 많은 강한 산성 식품에 해당하며 비타민 C가 없는 것이 단점이다. 따라서 달걀을 먹을 때는 피망, 브로콜리 등 비타민 C가 풍부한 식품과 함께 먹는 것이 좋다.

특별한 종류보다 신선한 것이 우선

영양란·한방란·알로에란·요오드란·해초란·유정란 등 다양한 달걀 종류는 닭에게 주는 사료에 따라서 나뉘는 것이 일반적이다. 크기에 따라서도 왕란·특란·대란·중란·소란으로 구분되는가 하면 껍데기가 흰색인 것과 갈색인 것도 있지만 영양가에는 별 차이가 없다. 좋은 사료를 먹은 닭이 좋은 달걀을 낳겠지만, 실제로 섭취할 때 특별한 영양이 더해지는 것은 아니므로 비싼 달걀보다는 신선한 것을 고르는 것이 더 중요하다.

무정란보다 유정란을 선호하는 이유

유정란이란 암탉과 수탉이 교미해서 낳은 달걀이고, 무정란은 암탉의 체내에서 수정이 이루어지지 않은 상태로 낳은 달걀이다. 따라서 무정란은 병아리를 부화할 수 없으며, 식용을 목적으로 계사에서 대단위로 생산되는 경우가 많다. 유정란과 무정란은 사육 방식에서 차이가 나는데, 유정란의 경우 암탉과 수탉을 자유롭게 풀어놓고 기르며 사료에도 더 신경을 쓰기 때문에 아무래도 유정란을 더 선호하는 편이다.

건강한 달걀에 대한 몇 가지 이야기

건강한 달걀에서 빼놓을 수 없는 것이 방사 유정란이다. 방사란 닭을 계사에 가두지 않고 자유롭게 사육하는 것을 말한다. 암탉과 수탉을 함께 방사하여 얻은 달걀이 방사 유정란이다. 방사 유정란을 얻기 위해서는 미생물 EM이나 산초 등 천연 성분의 사료에 항생제나 색소가 첨가되지 않은 것을 먹이는 게 보통이다. 그러므로 건강한 달걀을 먹기 원한다면 가격이 좀 비싸더라도 방사 유정란을 선택하도록 한다.

달걀과 '동물복지' 인증

달걀 진열대 앞에서 한번쯤 고민했던 경험이 있을 것이다. 달걀의 종류가 많기도 하고, '동물복지' 인증 등 새로운 개념이 등장하고 있기 때문. 달걀 포장에서 심심찮게 볼 수 있는 '동물복지' 마크는 국가에서 정한 동물복지 기준에 따라 동물을 사육하는 농장에 수여하는 인증 제도다. 달걀 생산 농가의 위생 상태나 품질, 생육 환경 등에 따라 점수를 책정해 인증서를 주는 제도로 좀 더 신뢰할 수 있는 기준이 되고 있다.

아주 신선한 달걀만 데려오는 핵심 요령

01 달걀 표면이 거칠고 흔들었을 때 소리가 나지 않으며 크기에 비해 무거운 것, 햇빛에 비췄을 때 반투명하고 맑은 것을 고른다.

02 달걀을 깼을 때 노른자가 둥글게 부풀어 오르는 것이 신선하며, 흰자는 두께가 두껍고 맑은 것이 좋다.

03 달걀을 물에 넣었을 때 가라앉으면 신선한 달걀이고, 물에 뜨거나 물에 세로 모양으로 선다면 오래된 달걀이다.

04 달걀은 산란 일로부터 1주일 이내에 먹는 것이 가장 좋고, 냉장 보관할 때는 3주 이내에 먹는다.

05 신선한 달걀을 구매하기 위해서는 유통 기한보다 산란 일자와 등급을 먼저 확인하는 것이 중요하다. 무정란은 산란 이후부터 부패가 시작되고, 유정란 역시 일정 온도를 유지하지 않으면 배아가 소실되고 부패가 시작되기 때문이다. 달걀은 보통 1개월까지 보관 가능하다고 하지만 가급적 최근 산란된 것을 고르는 것이 안전하다. 포장에 표기된 '1등급란'은 외부 청결과 고유의 모양, 내부 신선도 단위가 72 이상의 달걀을 말하는 것으로 등급과 '동물복지' 인증 마크 등을 확인한 후 고른다.

달걀에 대해
은근히 궁금했던 정보들

Q 달걀을 보관하는 특별한 요령이 있는지?

달걀은 가급적 구입 후 냉장 보관한다. 이때 달걀의 둥그스름한 부분이 위로 가도록 세워서 보관해야 오랫동안 신선도를 유지할 수 있다. 달걀의 둥근 쪽에는 '기실'이라는 숨구멍이 있는데, 삶은 달걀의 껍데기를 벗겼을 때 쏙 들어간 부분이 바로 기실이다. 이 부분은 세균에 노출되기 쉬우므로 찬 공기가 잘 전달되도록 해야 상하지 않는다.

Q 달걀에서 왜 김치 냄새가 날까?

달걀은 다공질이어서 주위의 냄새를 잘 흡수하기 때문에 냄새가 강한 식품과는 함께 넣어두지 않는다. 신선도를 오래 유지하기 위해 달걀을 김치냉장고에 보관하는 경우가 있는데, 이때 김치 냄새가 달걀에 흡수될 수 있다. 그러므로 가급적 일반 냉장고에 보관하고, 오래 두고 먹을 경우 문짝보다는 안쪽 선반에 보관한다.

Q 달걀 껍데기가 오톨도톨한 것은 왜 그럴까?

달걀 표면이 거친 것은 닭이 산란했을 때 껍데기에 덮여 있던 점액이 그대로 굳어서 오톨도톨해진 때문이다. 이것은 달걀 내부를 보호하는 역할을 하며 시간이 지나면 자연스럽게 없어지므로 껍데기에서 윤이 나는 것이 오히려 오래된 달걀이다. 신선한 달걀 껍데기일수록 거칠고 광택이 나지 않는다. 달걀은 산란된 즉시 부패가 시작되므로 일정한 온도를 유지하는 등 부패 속도를 느리게 할 수는 있지만 완전히 멈추게 할 수는 없다.

Q 달걀 껍데기를 씻어서 보관하면 안 되는 이유는?

산란 직후의 달걀 내부는 무균 상태지만 껍데기는 주위 환경과 미생물, 닭똥 등으로 인해 오염되기 쉽다. 달걀을 요리하기 위해 깨뜨릴 때 껍데기에 오염물이 묻어 있다면 음식에 들어갈 수 있으므로 가능하면 씻어서 사용한다. 하지만 달걀을 보관하기 전, 껍데기를 세척하면 보호막인 큐티클 층이 훼손돼서 외부의 오염 물질이 침투하기 쉽고 신선도가 급격히 떨어진다. 그러므로 구입 후 냉장 보관했다가 먹기 직전에 바로 씻어서 조리한다. 표면에 살모넬라균이 있을 수 있으므로 흐르는 물에 씻는다.

Q 달걀을 이용한 원 푸드 다이어트는 괜찮을까?

달걀은 다이어트에 효과적이다. 삶은 달걀 1개의 열량이 80kcal인 데 반해 위장에 머무는 시간은 3시간 이상 되기 때문에 포만감을 주어 과식을 예방한다. 단, 달걀흰자는 단백질이 풍부하고 저열량으로 다이어트에 좋지만 달걀노른자는 지방이 많으므로 너무 많이 먹지 않도록 한다. 또 달걀에 영양소가 많다고 해도 우리 몸에 필요한 영양소가 모두 있는 것은 아니다. 탄수화물과 비타민 C 등이 부족하기 때문에 원 푸드 다이어트를 할 경우 영양의 불균형이 생길 수 있고, 부족한 에너지를 보충하기 위해 과도하게 달걀을 섭취하다 보면 콜레스테롤 수치가 높아질 수 있다. 영양이 우수한 달걀이라고 해도 하루에 2개 이상은 섭취하지 않는 것이 좋다.

Q 달걀을 삶으면 노른자가 거무스름하게 변하는 것은 왜일까?

달걀은 오래 삶으면 노른자의 표면이 암녹색으로 변한다. 이것은 흰자의 유황 성분이 가열로 분해되어 황화수소를 만들고 노른자에 들어 있는 철분과 결합해서 황화제일철을 만들기 때문이다. 따라서 달걀을 너무 오래 삶는 것은 바람직하지 않다. 완숙으로 삶을 경우 삶은 후 바로 냉수에 담가서 완전히 식힌 다음 껍데기를 벗기면 변색을 어느 정도 막을 수 있다.

이렇게도 친절한 조리의 기본

달걀의 품격을 200% 높이는 신의 한 수! 기초 조리법

달걀 프라이의 5가지 표정

달걀 프라이를 할 때 가장 중요한 것은 노른자를 터트
리지 않고 매끈하게 부치는 것이다. 흰자가 부풀어 오르
거나 노른자가 터지면 맛이 떨어지고 모양도 예쁘지 않
다. 달군 팬에 기름을 두르고 달걀을 조심스럽게 깨서
얹은 후 약한 불에서 부쳐야 표면이 타지 않고 흰자가
크게 부풀어 오르지 않는다. 달걀이 어느 정도 익으면
소금으로 간을 맞춘다. 달걀의 비릿한 맛을 없애기 위해
후춧가루나 파슬리 가루를 뿌려도 좋고, 파마산 치즈 가
루를 뿌리면 고소한 맛까지 즐길 수 있다.

서니 사이드업

달걀을 프라이팬에 깨뜨려 한쪽 면만 살짝 익힌 것을 말한다. 노른자를 익히지 않기 때문에 색이 선명하며 약한 불에서 서서히 조리해야 모양이 예쁘다.

오버이지

중·약불에서 달걀의 한쪽 면을 살짝 익힌 후 뒤집어서 흰자만 가볍게 익히는 것을 말한다. 뒤집을 때 노른자가 터지지 않도록 주의한다.

오버하드

달걀의 노른자와 흰자를 완전히 익히는 것을 말한다. 중·약불에서 한쪽 면을 완전히 익힌 후 뒤집어서 반대쪽도 완전히 익힌다.

반달구이

달군 팬에 기름을 두르고 달걀을 얹은 후 흰자가 어느 정도 익으면 반으로 접어서 노른자를 덮는다. 약한 불에서 1분 정도 더 익힌다.

스팀 배스티드 에그

달군 팬에 기름을 조금 두르고 달걀을 깨뜨려 얹은 후 흰자가 어느 정도 익을 때까지 잠시 기다린다. 그다음 물 1~2큰술을 넣고 뚜껑을 덮어 수증기로 윗면을 살짝 익히면, 노른자에 흰 막이 생기면서 부드럽게 익는다. 적당히 익으면 소금과 후춧가루를 뿌린다. 아침 식사로 햄과 달걀을 함께 부칠 때 좋고, 토마토케첩과 머스터드 등을 곁들여서 먹으면 맛있다.

삶거나 으깨기
& 밥솥에다 구워 먹기

달걀을 삶을 때는 냉장고에서 미리 꺼내 놓아
찬 기운을 어느 정도 없앤 후 흐르는 물에 씻
고, 찬물에 넣어 서서히 익힌다. 냉장고에서 막
꺼낸 달걀을 물에 바로 넣어 삶으면 내부가 팽
창해서 쉽게 금이 갈 수 있기 때문이다.

잘 삶고 잘 으깨기

1 적절한 크기의 냄비를 골라 미리 꺼내 놓은 달걀을 담고 달걀이 잠길 정도의 물을 붓는다.

2 ①에 소금(1작은술)과 식초(½큰술)를 넣으면, 센 불에서 삶아도 달걀이 잘 깨지지 않고 금이 가더라도 금방 응고되며 껍데기도 쉽게 벗겨진다.

3 물이 바글바글 끓기 시작하면 불을 줄이고 서서히 익힌다. 달걀노른자가 가운데 오도록 하려면 달걀을 젓가락으로 굴려가며 삶는다.

4 삶은 달걀은 불에서 내린 후 재빨리 찬물에 담가야 껍데기가 쉽게 벗겨진다.

5 삶은 달걀을 으깨고 싶으면 뜨거울 때 볼에 담고 포크로 꾹꾹 눌러가며 으깬다. 가루처럼 곱게 하려면 노른자와 흰자를 분리해서 체에 담은 후 수저나 주걱으로 눌러가며 으깬다.

삶는 시간에 대한 공부

달걀은 크기별로 익는 시간에 약간의 차이가 있다. 보통은 물이 바글바글 끓고 3~4분가량 지나면 노른자와 흰자가 겨우 모양을 갖춘 반숙 상태, 7~8분 정도 지나면 노른자가 폭신하게 익고, 10~11분 정도 삶으면 완숙이 된다.

1 3~4분 경과_ 노른자가 일부만 익은 상태.

2 7~8분 경과_ 노른자가 촉촉히 익은 상태.

3 10~11분 경과_ 노른자와 흰자가 모두 완전히 익은 상태.

밥솥으로 구운 달걀 만들기

1 달걀은 미리 1시간 정도 상온에 꺼내두었다가 굽기 전, 흐르는 물에 씻는다.

2 일반 압력솥을 이용할 경우_ 물 반 컵을 솥에 붓고 달걀을 가열한다. 약한 불에서 추가 움직일 때까지 가열한 후 15~20분 정도 더 가열하고 김을 빼면 완성!

3 전기압력솥을 이용할 경우_ 물 반 컵을 붓고 달걀을 넣은 다음 취사 버튼을 작동한다. 보온으로 돌아갈 때 취사 과정을 한 번 더 작동하면 구운 달걀이 완성된다.

정성으로 한 번, 맛으로 한 번 더! 감동 수란

뜨거운 물에 달걀을 깨 넣어 익히는 수란. 주르륵 흘러내리는 노른자의 고소함이 소금이나 간장만 뿌려 먹어도 맛있다. 샐러드나 오픈 샌드위치, 볶음밥, 비빔밥 등과도 잘 어울린다. 수란은 몇 가지 방법만 익히면 손쉽게 만들 수 있다. 깔끔한 수란을 만들려면 물의 온도가 중요하다. 물을 너무 바글바글 끓이거나 미지근해도 모양이 예쁘게 되지 않고 풀어져 버린다. 수란을 만들 때 물의 온도는 기포가 생기면서 살짝 끓어오르는 정도가 적당하다.

1 수란은 매끈하고 단정하게 모양을 내는 것이 중요한 만큼 신선한 달걀을 고르는 것이 포인트. 달걀이 신선하지 않으면 흰자의 탄력이 떨어져서 끓는 물에 넣었을 때 넓게 퍼진다.

2 달걀은 미리 1시간 정도 상온에 꺼내 놓았다가 그릇에 깨서 담아둔다.

3 물 5컵을 끓이다가 보글보글 기포가 생기면서 살짝 끓기 시작하면 식초(½큰술)와 소금(1작은술)을 넣고 중·약불로 줄인다.

4 국자로 물을 빙글빙글 돌려 소용돌이를 일으킨 다음 가운데 부분에 달걀을 조심스럽게 넣는다. 그대로 3분 정도 지난 후 꺼낸다.

5 수란을 만드는 또 다른 방법은 ②~③의 과정 이후 소용돌이에 달걀을 직접 넣는 대신 체에 달걀을 담아 가만히 넣는다. 그대로 3분 정도 기다린 후 꺼낸다.

PLUS TIP

수란 친구! 야들야들 온천달걀을 집에서

온천달걀은 저온에서 노른자는 물론 흰자도 반숙 상태로 부드럽게 익힌 것을 말한다. 완성되면 삶은 달걀처럼 껍질을 벗기지 말고 그대로 반으로 깨서 그릇에 담는다. 달걀은 1시간가량 미리 상온에 꺼내놓는다.

전기밥솥을 이용할 경우 그릇에 달걀을 담아 전기밥솥에 넣고 보온 상태로 맞춘다. 달걀 크기에 따라 약 30~40분 정도 경과하면 온천달걀이 된다.

냄비를 활용할 경우 냄비에 물 5컵을 팔팔 끓인 후 찬물 1컵을 붓고 불을 끈다. 달걀을 국자에 담아서 뜨거운 물에 가만히 넣는다. 뚜껑을 덮고 18~20분 정도 경과하면 온천달걀이 완성된다.

보들보들! 실패하지 않는 일본식 달걀찜

주말 별식이나 손님상 등 특별한 달걀찜이 필요할 때 활용하면 좋은 방법. 다양한 재료가 들어가는 것은 물론 찜의 부드러운 정도, 탄력 등이 포인트다. 좀 더 단단한 달걀찜을 원하면 아래의 레시피 기준보다 국물의 양을 조금 줄여서 조리한다. 부드러운 찜을 만들고 싶으면 달걀물을 체에 내려서 거품과 알끈을 제거하고 약한 불에서 서서히 익히는 것이 중요하다. 국물은 다시마 가다랭이 국물을 사용하는 것이 감칠맛이 난다.

1 달걀과 국물의 양은 1 : 3 정도로 맞춘다. 달걀 1개라면 ¾컵 정도. 달걀 2개를 사용할 경우 국물 1½컵에 맛술(1작은술), 국간장(1작은술), 소금(½작은술)을 넣고 섞는다.

2 기호에 따라 버섯이나 새우, 채소들을 내열 용기에 담고 달걀물을 적당히 부은 후 표면의 거품을 수저나 키친 페이퍼 등으로 제거한다.

3 달걀 표면에 물방울이 떨어지지 않도록 찜통 뚜껑을 면보로 감싸거나 내열 용기를 랩 혹은 포일로 덮개를 씌운다.

4 김이 오른 찜통에 얹어 강한 불에서 1~2분 정도 쪄서 달걀 표면에 흰 막이 생기면 불을 약하게 줄이고 14~15분 정도 더 찐다. 이때 찜통과 뚜껑 사이에 살짝 틈을 주어서 찜통의 압력이 너무 세지지 않게 한다.

5 은행 등의 고명 재료들은 달걀이 어느 정도 응고된 후에 가만히 얹는다. 꼬치로 찔렀을 때 투명한 액체가 배어 나오면서 달걀이 묻어나지 않으면 완성이다.

매끈하고 도톰한 달걀말이

달걀말이는 누구나 좋아하고, 반찬이 없을 때 손쉽게
만들 수 있는 메뉴다. 속 재료도 가지가지. 버섯, 당근,
양파, 치즈, 김치, 파… 등 냉장고에 있는 자투리 재료들
을 더해 영양 듬뿍 달걀말이를 만들 수 있다. 도톰한 달
걀말이를 할 경우 한 번에 달걀물을 부으면 속까지 완
전히 익지 않을 수 있으므로 2~3번 나눠 부어가며 익
힌다.

1 달걀은 곱게 푼 다음 밑간을 하고 다시마 국물이나 물을 2~3큰술 넣는다. 그래야 달걀말이가 단단하지 않고 촉촉하고 부드럽게 된다.

2 달군 팬에 기름을 약간 두르고 키친 페이퍼로 전체적으로 펴주면서 여분의 기름은 닦아낸다. 기름을 너무 많이 두르면 달걀 표면에 기포가 생겨 달걀을 말았을 때 단층의 모양이 깔끔하지 않을 수 있다. 만약 달걀에 기포가 생겼을 때는 젓가락으로 눌러 없앤 후 만다.

3 중·약불에서 ①의 달걀물을 분량에 따라 ½ 혹은 ⅓ 정도만 부어 전체적으로 고루 편다. 반숙보다 약간 더 익으면 살살 테두리를 떼어가며 적당한 두께로 만다. 달걀말이는 타이밍이 중요한데 너무 익은 후에 말면 달걀이 갈라져 버리고, 익지 않은 상태에서 말면 모양이 잘 잡히지 않고 뭉개져 버린다.

4 ③의 달걀말이는 한쪽으로 밀어놓고 프라이팬의 빈 공간에 기름을 약간 두른 후 키친 페이퍼로 닦아낸다.

5 ④의 프라이팬 빈 공간에 나머지 달걀물이나 그 절반 정도를 붓고 전체적으로 펴준다. 이때 미리 구운 달걀말이를 살짝 들어 올려 그 밑에도 기름을 바르고 달걀물이 들어가도록 한다.

6 ⑤의 달걀물이 반숙보다 약간 더 익으면 달걀말이를 굴려서 돌돌 만다. 나머지 달걀물도 같은 방법으로 한다.

스크램블 에그는 고소하고 부드러워 아침 식사로 그만이다. 나라마다 만드는 방법에 약간씩 차이가 있는데, 가장 중요한 것은 달걀에 수분이 남아 있도록 부드럽게 익히는 것이다. 그냥 먹거나 구운 식빵에 얹어 먹으면 한 끼 식사로 충분하다.

1 달걀은 곱게 푼 다음 소금으로 살짝 간한다. 이때 우유를 조금 넣으면 더욱 부드럽고 촉촉해지는데 달걀 고유의 맛을 즐기고 싶다면 넣지 않아도 상관없다. 단, 우유를 넣지 않을 경우 달걀이 쉽게 단단해질 수 있으므로 너무 익히지 않도록 한다.

2 팬을 달군 후 버터를 두르고 중·약불에서 달걀물을 붓는다. 버터 향이 싫다면 식용유를 사용해도 좋다.

3 먼저 익기 시작하는 테두리 부분을 안쪽으로 몰듯이 섞어가며 달걀을 익힌다. 너무 오래 익히면 수분이 날아가면서 단단해지므로 반숙과 익은 부분이 서로 어우러지고 전체적으로 살짝 덜 익었을 때 불을 끈다.

허세의 대명사! 스크램블 에그

달걀 껍데기로 신맛 없애기

너무 익어서 신맛이 강한 김치에 달걀 껍데기를 넣으면 껍데기에 있는 탄산칼슘이 김치의 산성 성분을 중화시켜 신맛이 감소된다. 달걀 껍데기는 깨끗이 씻어서 물기를 말린 후 사용한다.

달걀 껍데기의 다양한 세척력

손이 닿지 않는 긴 물병이나 보온병에 달걀 껍데기 부순 것과 물을 조금 넣고 흔들면 물때가 쉽게 닦인다. 또한 행주를 삶을 때 달걀 껍데기를 함께 넣으면 세척과 표백 효과로 인해 행주가 더욱 깨끗해진다.

천연 비료 달걀 껍데기

달걀 껍데기는 깨끗이 씻어 말린 다음 부숴서 흙과 함께 화분에 뿌리면 껍데기 속의 단백질과 석회질 성분이 천연 비료 역할을 해서 식물이 잘 자란다.

믹서 청소할 때 일등 공신

믹서에 달걀 껍데기를 넣고 물을 약간만 부어 돌리면 구석구석 찌든 때는 물론 칼날까지 깨끗하게 닦인다. 또 잘게 부순 달걀 껍데기를 양파 망에 넣고 묶어서 냄비나 가스레인지 청소 등에 사용하면 편리하다.

달걀은 몸에도 좋고, 피부에도 좋구나

달걀흰자는 모공 속의 노폐물을 제거해 주는 딥 클렌징 역할을 하므로 지성 피부에 효과적이다. 달걀흰자(1개 분량)를 거품을 충분히 낸 후 꿀(1작은술)과 흘러내리지 않도록 밀가루를 조금 섞어 얼굴 전체에 펴 바르고 10분 정도 있다가 미지근한 물로 씻은 후 찬물로 헹군다.

달걀노른자는 피부 탄력에 도움을 주므로, 달걀노른자(1개 분량)에 우유(1큰술)를 섞어서 얼굴과 목에 펴 바른 후 거즈나 랩으로 덮고 20분 정도 있다가 씻어낸다.

그리하여 달걀만 먹어도 입이 행복한
진짜 이야기가 시작됩니다.

프라이라고 무시해서도 안 되고,
삶거나 굽거나 찌는 데도
저마다의 방법이 따로 있다는 것.
이런 기술들만 익혀도 어느새
달걀이 어마어마하게 고마워진다.
그럼 이제, 달걀에게 완전히 무릎 꿇게 될
진짜 요리들을 시작해 볼까?

달걀 고급반

만들면서 놀라고, 먹어 보면 기절하는 일상의 달걀 요리

※재료는 모두 2인분 분량입니다.
※1작은술 = 5cc, 1큰술 = 15cc, 1컵 = 200ml입니다.

반찬이거나 별식이거나

밥상에 딱 올리면 게 눈 감추듯 사라지는 참 기특한 달걀 요리들

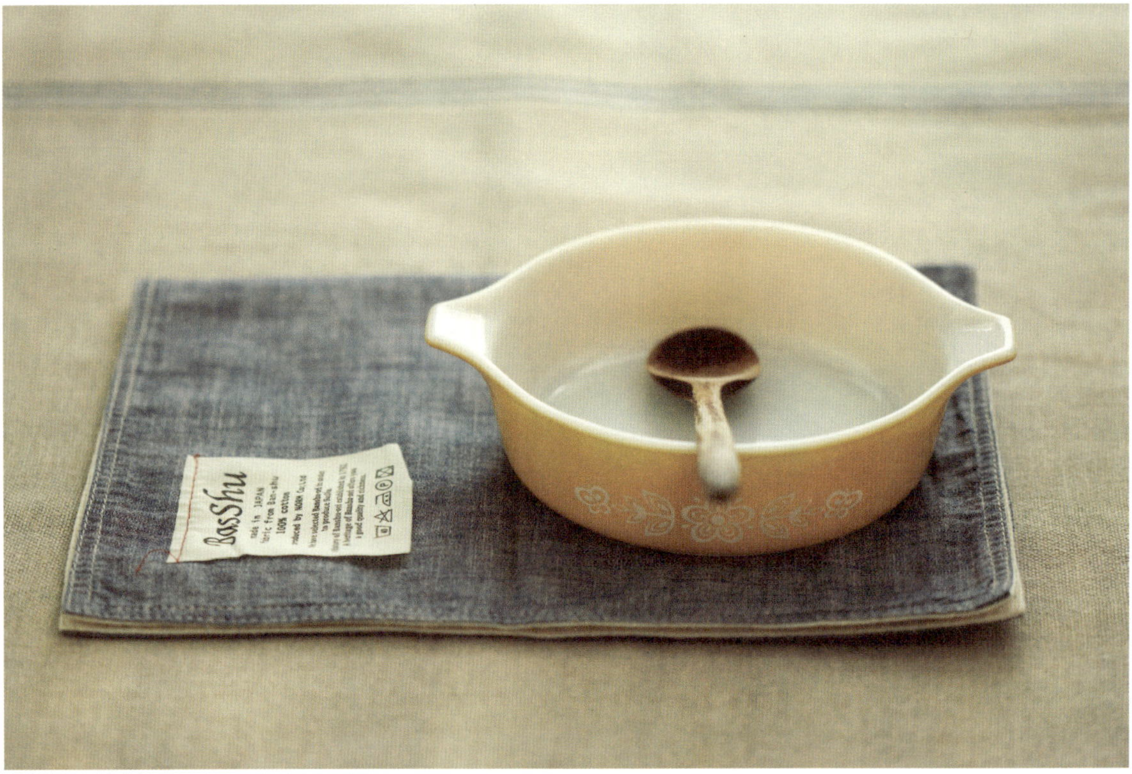

달걀북어탕

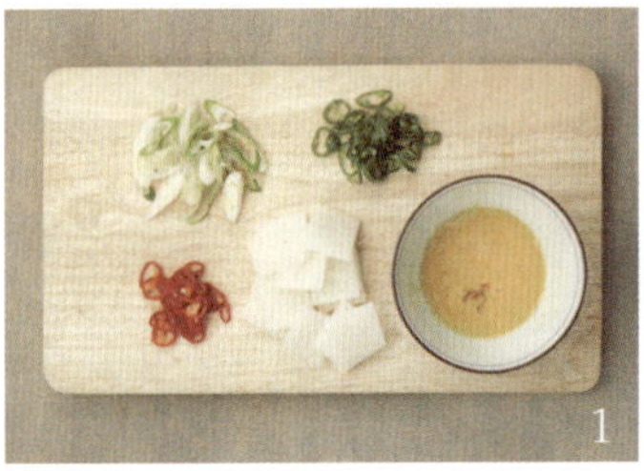

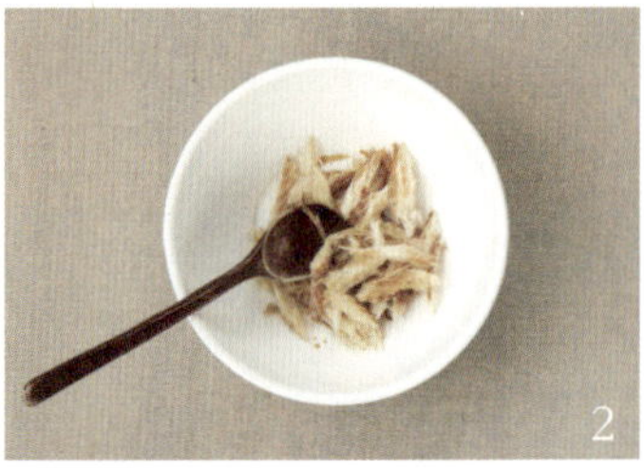

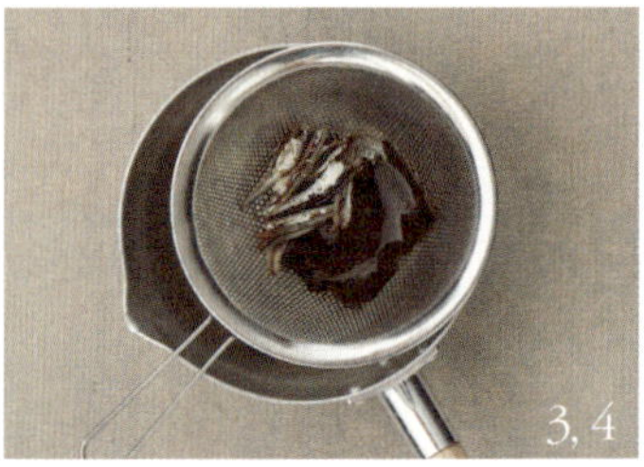

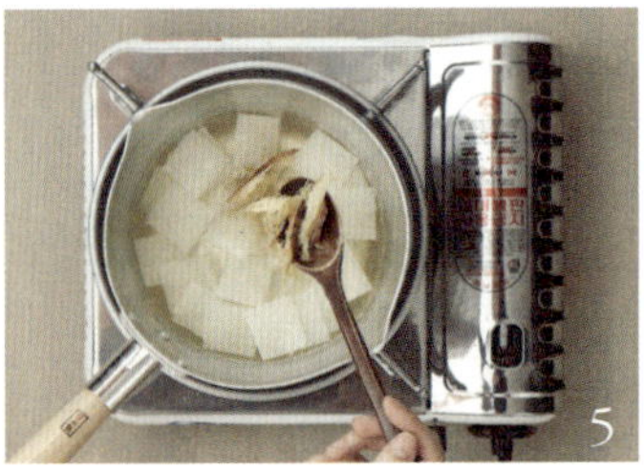

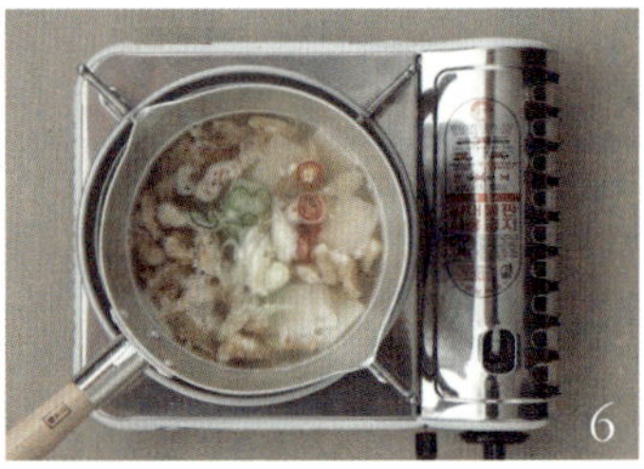

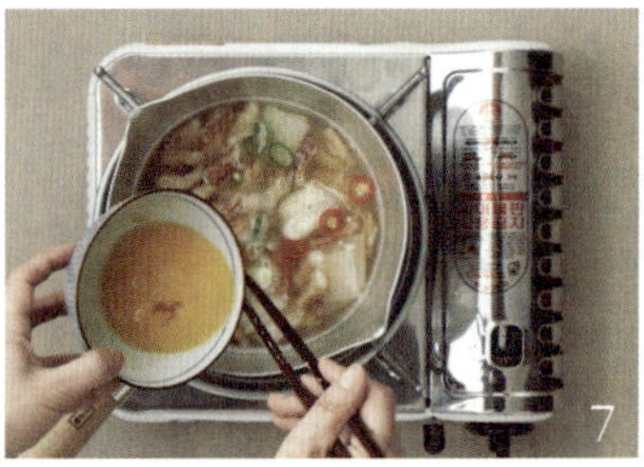

재료 |

달걀 2개
무 80g
청양고추 1개
붉은 고추 ½개
굵은 파 ⅓대
북어포(찢은 것) 20g
국간장 1½작은술
참기름 1작은술
다진 마늘 1작은술
소금 · 후춧가루 약간씩
국물용 멸치 10개
다시마(5×5cm) 1장
물 3컵

1 달걀은 볼에 곱게 풀고, 무는 껍질을 벗기고 얇게 나박 썰기 한다. 고추는 송송 썰면서 속씨를 제거하고, 굵은 파는 어슷하게 썬다.

2 찢은 북어포는 물에 살짝 씻어 물기를 짠 후 국간장 ½작은술과 후춧가루 약간, 참기름 1작은술을 넣고 무친다.

3 국물용 멸치는 머리와 내장을 제거하고 다시마는 젖은 면보로 표면의 흰 가루를 닦는다.

4 냄비에 멸치를 달달 볶다가 노릇노릇해지면서 구수한 냄새가 나면 분량의 물을 붓고 다시마를 넣어 센 불에서 끓이다가 한소끔 끓어오르면 불을 줄이고 10분 정도 더 끓인 후 체에 거른다.

5 ④를 냄비에 담고 무를 넣고 끓이다가 무가 살캉거리게 익으면 ②를 넣고 좀 더 끓인다.

6 ⑤에 국간장 1작은술을 넣어 간을 한 후 다진 마늘과 고추, 파를 넣고 끓인다. 부족한 간은 소금과 후춧가루로 맞춘다.

7 불에서 내리기 직전 ①의 달걀을 고르게 줄알을 친 후 젓지 말고 살짝 끓인다. 중간에 저으면 국물이 탁해지고 오래 끓이면 달걀이 단단해져 맛이 덜하다.

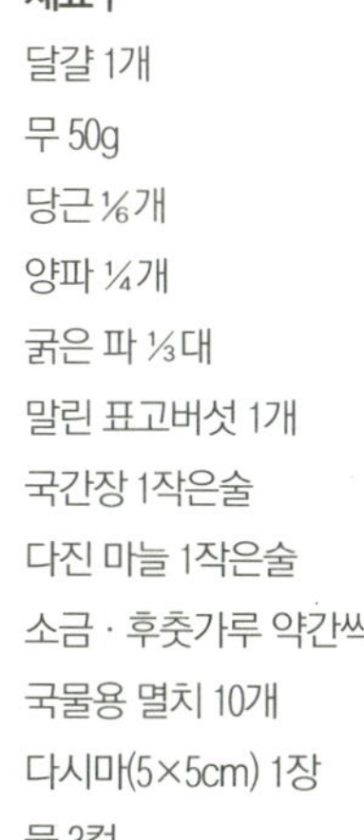

달걀채소국

1 달걀은 볼에 곱게 푼다. 무와 당근은 길쭉하게 납작 썰기하고, 양파는 굵게 채 썬다. 굵은 파도 다른 재료들과 비슷한 크기로 썬다.

2 말린 표고버섯은 물에 불린 후 살짝 짜서 물기를 제거하고 밑동을 자르고 얇게 채 썬다. 버섯 불린 물은 따로 담아둔다.

3 국물용 멸치는 머리와 내장을 제거하고, 다시마는 젖은 면보로 표면의 흰 가루를 닦는다.

4 냄비에 멸치를 넣고 달달 볶다가 노릇노릇해지면서 구수한 냄새가 나면 버섯 불린 물을 포함한 분량의 물을 붓고 다시마를 넣어 센 불에서 끓인다. 한소끔 끓어오르면 불을 줄이고 10분 정도 더 끓인 후 체에 거른다.

5 ④는 국간장으로 간한 후 무와 당근, 양파, 버섯을 넣고 끓이다가 채소들이 아삭할 정도로 익으면 다진 마늘과 굵은 파를 넣어 맛을 내고 소금과 후춧가루로 간을 맞춘다.

6 불에서 내리기 직전 ①의 달걀을 줄알을 친다. 이때 젓지 말고 그대로 가볍게 풀어질 정도로만 익힌다.

재료 |

달걀 1개
무 50g
당근 ⅙개
양파 ¼개
굵은 파 ⅓대
말린 표고버섯 1개
국간장 1작은술
다진 마늘 1작은술
소금 · 후춧가루 약간씩
국물용 멸치 10개
다시마(5×5cm) 1장
물 3컵

재료 |

달걀 2개

애호박 · 양파 ¼개씩

붉은 고추 1개

굵은 파 ⅓대

참기름 ½큰술

새우젓 국물 2작은술

다진 마늘 1작은술

소금 · 후춧가루 약간씩

다시마(5×5cm) 1장

물 2½컵

1 달걀은 멍울이 지지 않게 곱게 푼다. 애호박은 반달 모양으로 도톰하게 썰고, 양파는 굵게 채 썬다.

2 붉은 고추는 반으로 갈라 속씨를 제거한 후 가늘게 채 썰고, 굵은 파는 4cm 길이로 토막 내어 굵게 채 썬다. 다시마는 젖은 면보로 표면의 흰 가루를 닦는다.

3 달군 냄비에 참기름을 두르고 애호박과 양파를 볶다가 분량의 물과 다시마를 넣고 끓인다. 한소끔 끓어오르면 불을 줄이고 5분 정도 더 끓이다가 다시마는 건져내고 새우젓 국물로 간한다.

4 ③에 고추 채와 굵은 파, 다진 마늘을 넣고 끓이면서 소금과 후춧가루로 간을 맞춘다.

5 불에서 내리기 직전 ①의 달걀을 고르게 줄알을 친다. 달걀이 부드럽게 익을 때까지 젓지 말고 그대로 두었다가 그릇에 담는다.

POINT 냄비에 참기름을 두르고 애호박과 양파를 볶다가 물을 붓고 다시마 한 조각을 넣어 손쉽게 끓일 수 있는 간편 국이다. 새우젓 국물과 달걀이 어우러져 부드러운 감칠맛이 나는데, 다시마 국물 대신 멸치다시마 국물을 사용해도 좋다.

아! 개운해!

달걀장조림

재료 |

달걀 6개
굵은 파 ¼대
마늘 6쪽
식초 ½큰술
소금 1작은술
다시마(4×4cm) 1장
물 1컵

양념장

간장 5큰술
설탕 · 맛술 1½큰술씩

1 달걀은 냄비에 담고 달걀이 잠길 만큼 물을 부은 후 분량의 식초와 소금을 넣어 12~13분 정도 삶는다. 삶은 달걀은 찬물에 담가 껍질을 벗긴다.

2 다시마는 젖은 면보로 표면의 흰 가루를 닦고, 굵은 파는 씻어서 준비해 둔다.

3 냄비에 ①의 달걀과 다시마, 굵은 파, 양념장, 물을 붓고 끓이다가 바글바글 끓어오르면 불을 줄이고 5분 정도 더 끓인 후 다시마는 건져내고 달걀에 양념 국물을 끼얹어가며 조린다.

4 ③의 국물이 반 정도로 졸아들면 마늘을 넣고 양념 국물을 끼얹어 가며 좀 더 조린다. 마늘은 너무 푹 익으면 씹는 맛이 떨어지므로 약간 아삭할 정도로만 익힌다.

5 달걀은 먹기 좋은 크기로 자르고 위에 양념 국물을 끼얹은 후 마늘을 곁들인다.

 무는 익는 데 시간이 걸리므로 다시마를 넣고 물을 부어 어느 정도 미리 익힌 다음 삶은 달걀과 양념장을 넣고 조리면 부드럽고 속까지 간이 배어 더욱 맛있다.

달걀무매운조림

1 달걀은 냄비에 담고 달걀이 잠길 만큼 물을 부은 후 분량의 식초와 소금을 넣고 12~13분가량 삶는다. 삶은 달걀은 찬물에 담가 껍질을 벗긴다.

2 무는 껍질을 벗기고 반달 모양으로 도톰하게 썰고, 양파는 동그스름하게 반달 모양으로 굵게 썬다. 쪽파는 작게 송송 썬다.

3 다시마는 젖은 면보로 표면의 흰 가루를 닦고, 양념장 재료는 한데 담아 골고루 섞는다.

4 냄비에 무를 깔고 분량의 물과 다시마를 넣고 한소끔 끓인다. 불을 줄이고 5분 정도 더 끓인 후 다시마만 건져내고 무가 어느 정도 익을 때까지 좀 더 끓인다.

5 ④에 ①의 달걀과 양파를 넣고 양념장을 부어서 한소끔 끓인 후 불을 줄이고 중간 중간 양념 국물을 끼얹어 가며 조린다.

6 ⑤의 양념 국물이 졸아들고 간이 충분히 배면 불에서 내린다. 먹기 좋게 달걀을 썰어서 무와 함께 그릇에 담고 양념 국물을 끼얹은 후 쪽파를 올린다.

재료 |

달걀 4개

무 150g

양파 ½개

쪽파 1뿌리

식초 ½큰술

소금 1작은술

다시마(4×4cm) 1장

물 1½컵

양념장

간장 1큰술

고추장 ½큰술

설탕 · 올리고당 ·

고춧가루 1작은술씩

다진 마늘 ½작은술

재료 |

달걀 4개
명란 20g
쪽파 3뿌리
풋고추 · 붉은 고추 ½개씩
다시마 국물 혹은 물 2큰술
마요네즈 1작은술
소금 ⅛작은술
식용유 약간

1 달걀은 곱게 푼 다음 분량의 다시마 국물 혹은 물을 넣고 소금으로 심심하게 간한다.

2 명란은 속만 발라내어 마요네즈를 넣고 버무린다.

3 쪽파는 다듬어 씻어 물기를 뺀 다음 작게 송송 썬다.

4 풋고추와 붉은 고추는 속씨를 제거하고 잘게 다지듯이 썬다.

5 ①에 ④를 넣고 골고루 섞는다.

6 달군 팬에 기름을 조금 두르고 키친 페이퍼로 넓게 펴면서 닦은 후 ⑤의 달걀물을 반 정도만 부어 고르게 펴고 반숙보다 살짝 더 익으면 명란과 쪽파를 가지런히 얹는다.

※ 기름을 너무 많이 두르면 달걀 표면에 기포가 생기고, 달걀을 말았을 때 단층의 모양이 깔끔하지 않다. 혹 기포가 생겼을 때는 젓가락으로 눌러 없앤 후 만다.

7 ⑥의 달걀은 적당한 두께로 돌돌 만 다음 다시 팬에 기름을 조금 두르고 키친 페이퍼로 편 후 나머지 달걀물을 부어 익힌다. 이때 미리 구운 달걀말이를 살짝 들어 올려서 밑에 기름을 바르고 달걀물이 들어가도록 한다.

8 ⑦의 달걀물이 반숙보다 약간 더 익으면 달걀말이를 굴려서 만 뒤 한김 식혔다가 먹기 좋게 썬다.

POINT

명란은 속만 발라내어 마요네즈와 섞으면 부드럽고 고소한 맛을 더해 준다. 쪽파는 잘게 송송 썰어서 명란과 곁들여서 만다. 쪽파는 기호에 따라 넉넉하게 넣어도 좋고, 쪽파 대신 굵은 파를 사용해도 괜찮다.

달콤한 달걀말이

달걀말이가 달다고?
놀라지 말 것!
무즙간장 소스를 얹어 먹으면
환상적인 궁합!

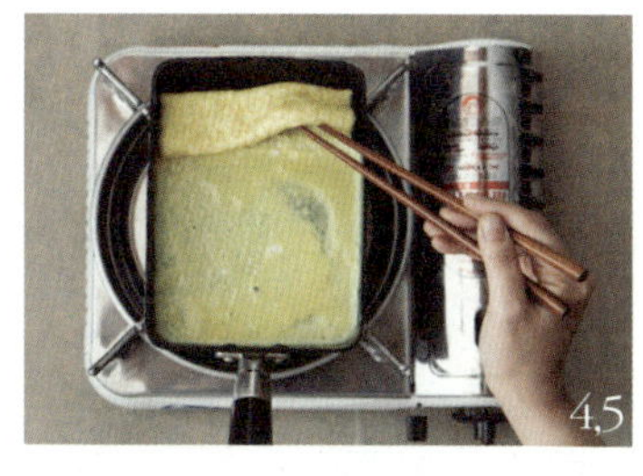 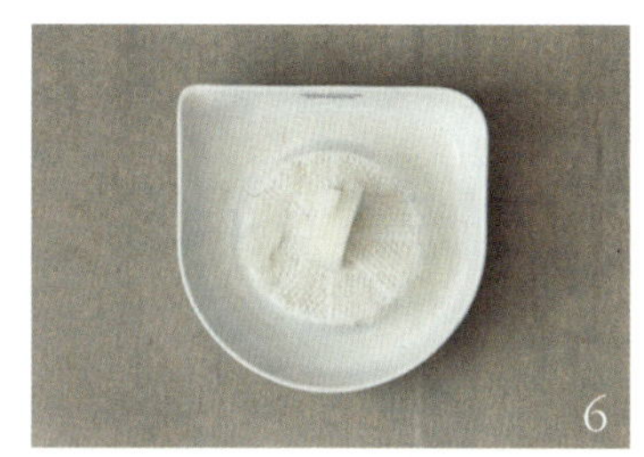 

재료 |
달걀 3개
무 · 간장 · 식용유 약간씩
달걀 양념
다시마 국물 혹은 물 3큰술
설탕 ½큰술
맛술 2작은술
간장 ½작은술
소금 ¼작은술

1 달걀은 볼에 담아 곱게 푼다.

2 ①에 분량의 간장과 맛술 등 달걀 양념을 넣고 골고루 섞는다. 설탕과 소금이 가라앉지 않도록 잘 섞는다. 달걀물을 체에 한번 거르면 더 부드럽다.

3 달군 팬에 기름을 약간 두르고 키친 페이퍼로 전체적으로 펴주면서 여분의 기름은 닦는다. 중·약불에서 ②의 달걀물을 ⅓ 정도만 부어 전체적으로 고루 편다. 반숙보다 약간 더 익으면 살살 테두리를 떼어가며 적당한 두께로 만다.

4 ③의 달걀말이는 한쪽으로 밀어놓고 프라이팬의 빈 공간에 기름을 약간 두른 후 키친 페이퍼로 닦는다.

5 ④의 프라이팬 빈 공간에 나머지 달걀물을 반 정도 붓고 전체적으로 펴준다. 이때 미리 구운 달걀말이를 살짝 들어 올려 그 밑으로 기름을 바르고 달걀물이 들어가도록 한다. 마찬가지로 반숙보다 약간 더 익으면 달걀말이를 굴려서 돌돌 만다. 나머지 달걀물도 같은 방법으로 완성한다.

6 무를 강판에 갈아서 물기를 살짝 짠다. 무가 매콤할 때는 체에 담아 흐르는 물에 한번 씻은 후 물기를 짠다.

7 달걀말이는 먹기 좋게 썰고, 무즙에 간장을 약간 뿌린 무즙간장 소스를 곁들인다.

재료 | 달걀 4개, 붉은 고추 ½개, 쪽파 1뿌리, 새우젓 국물 1큰술, 청주 ½큰술, 참기름 ½작은술, 다시마 국물 혹은 물 1컵

1 달걀은 거품기로 충분히 곱게 푼 후 새우젓 국물과 청주, 참기름을 넣어 섞는다.

2 붉은 고추는 속씨를 제거하고 잘게 다지듯이 썰고, 쪽파는 송송 썬다.

3 뚝배기에 다시마 국물 혹은 물을 넣고 센 불에서 끓이다가 바글바글 끓어오르면 ①의 달걀물을 원을 그리면서 골고루 부어 섞은 후 끓인다. 달걀이 익기 시작하면 중불로 줄이고 먼저 익기 시작한 바닥과 옆 부분을 떼어내듯 크게 저어가며 끓인다.

※뚝배기는 물이 3컵이나 3컵 반 정도 들어가는 작은 것을 사용해야 달걀이 먹음직스럽게 부풀어 오른다.

4 달걀이 부풀어 오르기 시작하면 불을 약하게 줄이고 좀 더 익히다가 어느 정도 부풀어 오르면 불에서 내린다.

5 ④ 위에 ②를 얹고 흘러내리지 않도록 조심하면서 참기름을 살짝 뿌려 먹으면 더 고소하고 맛있다.

POINT 달걀찜은 끓는 다시마 국물 혹은 물에 곱게 푼 달걀물을 부어서 끓는데, 이때 불 조절이 중요하다. 처음에는 강한 불에서 끓이다가 달걀이 익기 시작하면 중불로 줄여 타지 않도록 한다. 뚝배기에서 먼저 익은 바닥과 옆 부분을 수저로 긁어 가운데로 몰아가며 모양을 잡는다. 달걀이 부풀어 오르기 시작하면 약한 불로 줄인다.

해물소스 달걀찜

재료 |

달걀 2개

새우살 혹은 냉동 칵테일새우 4마리

패주 2개, 백만송이버섯 30g

말린 표고버섯 1개, 죽순(통조림) 30g

굵은 파 ⅓대, 마늘 2쪽

간장 · 청주 1작은술씩

참기름 ½큰술, 소금 ⅓작은술

녹말물(녹말가루 ½큰술, 물 1큰술)

다시마 국물 1컵, 식용유 약간

달걀 양념

국간장 · 맛술 1작은술씩

소금 ½작은술

다시마 국물 혹은 다시마 가다랭이 국물 1½컵

1 달걀은 곱게 푼 다음 분량의 양념을 넣고 고루 섞어서 체에 거른다.

2 ①의 달걀물은 내열 용기에 담고 표면의 거품을 수저나 키친 페이퍼 등으로 제거한 후 랩이나 포일을 씌운다.

3 냄비에 물을 붓고 끓이다가 바글바글 끓어오르면 키친 페이퍼를 접어서 바닥에 깐 다음 ②의 용기를 얹고 뚜껑을 비스듬히 덮어 증기가 너무 과해지지 않도록 한다.

4 ③은 센 불에서 1분 정도 찐 후 불을 약하게 줄이고 12~14분 정도 더 찐다. 꼬치로 찔러 보아 투명한 액체가 나오면서 달걀이 묻어나지 않으면 다 익은 거다.

5 달걀을 찌는 동안 나머지 재료를 준비한다. 새우살은 소금물에 흔들어 씻어 헹군 후 물기를 없애고, 패주는 반으로 저며 썬다.

6 백만송이버섯은 밑동을 자른 뒤 먹기 좋게 가른다. 말린 표고버섯은 물에 불려 두었다가 물기를 짜고 밑동을 잘라낸 다음 굵게 채 썬다.

7 죽순은 깨끗이 씻어서 빗살무늬를 살려 얇게 저며 썰고, 굵은 파는 4cm 길이로 토막 내어 십자 모양으로 4등분한다. 마늘은 잘게 다지고, 녹말가루와 물을 섞어서 녹말물을 만든다.

8 달군 팬에 기름을 두르고 약한 불에서 다진 마늘과 파를 볶다가 ⑤를 넣고 센 불에서 살짝 볶는다. 준비한 채소들을 함께 넣고 좀 더 볶은 후 청주를 넣어 잡냄새와 비린 맛을 잡는다. 간은 간장과 소금으로 맞춘다.

9 ⑧에 분량의 다시마 국물을 부어서 한소끔 끓인 후 농도를 봐가면서 녹말물을 넣고 골고루 저어서 한소끔 더 끓여 해물 소스를 만든다.

10 ⑨의 소스는 불에서 내리기 직전 참기름을 뿌려서 고소한 향을 더한다. 완성된 ④의 달걀찜 위에 해물 소스를 넉넉히 얹는다.

게살죽순
달걀볶음

재료 |

달걀 3개

냉동 게살 60g

죽순(통조림) 30g

굵은 파(흰 부분) ½대

간장 · 청주 1작은술씩

소금 · 후춧가루 · 식용유 약간씩

소스

다시마 국물 혹은 물 6큰술

간장 · 식초 · 토마토케첩 2작은술씩

녹말가루 1작은술

설탕 ½작은술

1 달걀은 곱게 푼 다음 소금으로 심심하게 간한다.

2 게살은 적당한 굵기로 나눠 놓고, 죽순은 물에 씻은 후 물기를 닦고 굵게 채 썬다.

3 굵은 파는 가운데 심을 제거하고 흰 부분만 가늘게 채 썬 후 찬 물에 담갔다가 키친 페이퍼에 얹어 물기를 뺀다.

4 달군 팬에 기름을 넉넉히 두르고 죽순을 볶다가 게살을 넣고 살 짝 더 볶으면서 청주를 넣는다. 간은 간장과 후춧가루로 맞춘다.

5 ④에 ①의 달걀물을 넣고 크게 저으면서 달걀을 부드럽게 익힌 후 접시에 담는다.

6 분량의 소스 재료는 냄비에 한데 담고 저어가면서 한소끔 끓인 다. 소스가 완성되면 ⑤ 위에 골고루 부은 다음 파 채를 얹는다.

재료 | 달걀 3개, 숙주 100g, 굵은 파 ⅓대
마늘 2쪽, 소금 · 참기름 · 식용유 약간씩
볶음 양념장 굴 소스 2작은술, 간장 1작은술
설탕 ⅓작은술, 후춧가루 약간

1 달걀은 곱게 푼 뒤 소금으로 심심하게 간
한다.

2 숙주는 지저분한 뿌리를 다듬어 씻은 뒤
키친 페이퍼에 얹어 물기를 제거한다. 굵은
파는 어슷하게 썰고, 마늘은 곱게 다진다.

3 양념장 재료는 한데 담아서 골고루 섞
는다.

4 달군 팬에 기름을 두르고 ①의 달걀물을
부어 크게 저으면서 반숙으로 익혀서 따로
담아둔다.

5 ④의 팬에 참기름과 식용유를 반반씩 두
르고 다진 마늘과 굵은 파를 넣고 약한 불
에서 달달 볶다가 ②의 숙주를 넣고 센 불
에서 아삭할 정도로 볶는다.

6 ⑤에 ③의 양념장을 넣고 골고루 섞는다.

7 ⑥에 ④를 넣고 골고루 섞으면서 좀 더
볶다가 부족한 간은 소금으로 맞춘다.

POINT 숙주는 너무 오래 볶으면 흐물흐
물해지면서 맛이 떨어진다. 다진 마늘과 굵
은 파로 향을 낸 후 센 불에서 조금 아삭할
정도로 볶는다.

달걀숙주볶음

재료 | 달걀 2개, 토마토 1개
소금 · 후춧가루 · 식용유 약간씩

1 달걀은 곱게 푼 다음 소금으로 심심하게 간한다.

2 토마토는 꼭지를 떼고 먹기 좋은 크기로 썬다.

3 달군 팬에 기름을 두르고 ①의 달걀물을 넣어서 크게 저어가며 반숙으로 익혀서 따로 담아 둔다.

4 ②의 토마토는 ③의 팬에 기름을 두르고 뒤집어가며 골고루 익힌다.

5 ④에 ③을 넣고 잘 어우러지도록 볶으면서 소금과 후춧가루로 간한다.

POINT 달걀은 오래 익히면 수분이 없어지면서 단단해진다. 미리 반숙으로 익혀 두었다가 토마토가 알맞게 익으면 마지막에 넣어 살짝만 볶는다.

1, 2

4

재료 |

달걀 2개

참치(통조림 작은 것) 1캔

양파 ⅓개

피망 ½개

쪽파 2뿌리

맛김 2장

밥 1½공기

밀가루 2큰술

간장 · 통깨 2작은술씩

소금 · 후춧가루 · 식용유 약간씩

5

6

1 참치는 체에 밭쳐 기름기를 뺀다.

2 양파는 잘게 다지듯이 썰고, 피망도 속씨를 제거하고 잘게 다지듯이 썬다. 쪽파는 작게 송송 썬다.

3 맛김은 비닐 팩에 넣어서 잘게 부순다.

4 볼에 밥을 담고 참치와 양파, 피망을 넣고 버무린 후 달걀과 분량의 밀가루를 넣고 골고루 섞으면서 간장과 소금, 후춧가루로 간한다.

5 달군 팬에 기름을 두르고 ④를 적당량 얹은 후 동그랗고 넓게 펴서 지진다. 갈색빛이 돌면서 바삭하게 익으면 뒤집어서 반대편도 익힌다. 같은 방법으로 나머지도 부친다.

6 ⑤ 위에 김 가루를 골고루 얹은 후 쪽파와 통깨를 뿌린다. 간이 심심하면 간장에 살짝 찍어 먹어도 좋다.

재료 |

달걀 2개

배추김치 2장

청양고추 1개

양파 ¼개

팽이버섯 40g

밀가루 3큰술

소금 · 후춧가루 · 식용유 약간씩

달걀김치전

1 배추김치는 잘 익은 것으로 준비해 속을 털어내고 물기를 살짝 짠 후 잘게 썬다.

2 고추는 송송 썰면서 속씨를 제거하고, 양파는 작게 썬다. 팽이버섯은 밑동을 자르고 적당히 가른 후 작게 썬다.

3 준비한 재료들은 볼에 담고 달걀과 분량의 밀가루를 넣어서 골고루 섞으면서 소금과 후춧가루로 심심하게 간한다.

4 달군 팬에 기름을 넉넉히 두르고 반죽을 한 수저씩 얹어서 앞뒤로 노릇노릇하게 부친다.

POINT 반죽에 밀가루를 많이 넣으면 텁텁해지고 달걀의 고소한 맛이 떨어지므로 재료들이 잘 섞일 수 있을 정도로만 넣는다. 김치가 들어가기 때문에 소금은 조금만 넣어 간한다.

달걀이 밥과 면을 만나셨을 때

다른 반찬 필요없는 한 끼 식사용 달걀 메뉴들

재료 |
달걀 2개
배추김치 4장
영양부추 30g
참기름 적당량
통깨 2작은술
소금 · 식용유 약간씩
밥 2공기
양념장
고추장 2작은술
참기름 · 통깨 1작은술씩
간장 · 올리고당 ½작은술씩

1 달걀은 달군 팬에 기름을 두르고 반숙으로 프라이하면서 소금으로 심심하게 간한다.
2 배추김치는 잘 익은 것으로 준비해 속을 털어내고 물기를 짠 후 잘게 송송 썰어서 참기름 ½큰술과 통깨 1작은술을 넣고 조물조물 무친다.
3 영양부추는 다듬어 씻은 후 물기를 빼고 작게 송송 썰어서 참기름과 통깨 1작은술씩을 넣고 살짝 무친다.
4 양념장 재료는 한데 담아서 골고루 섞는다.
5 고슬고슬하게 지은 밥은 그릇에 나눠 담고, 그 위에 각각 김치 무침과 영양부추, 달걀 프라이를 올리고 양념장을 끼얹는다.

POINT 밥을 비볐을 때 물기가 생기지 않도록 김치는 속을 털어 내고 물기를 짠 후 송송 썬다. 또 김치와 부추는 참기름과 통깨로 미리 밑간을 해서 고소한 맛을 더한다.

2, 3

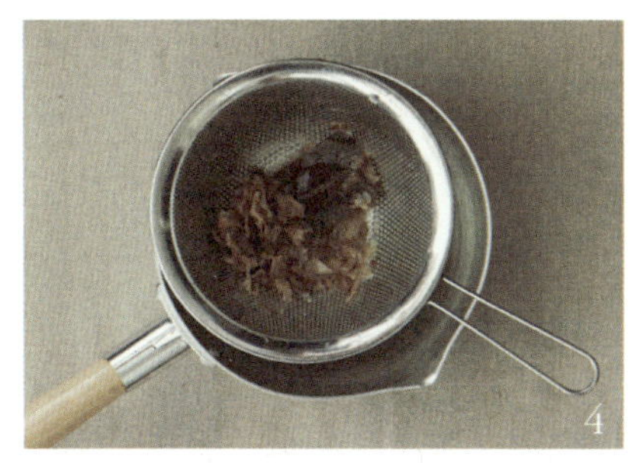

4

재료 |

달걀 4개

닭고기(안심 혹은 닭다리 살) 150g

양파 ½개

쪽파 2뿌리

간장 2큰술

맛술 · 청주 1큰술씩

설탕 ½큰술

밥 2공기

다시마 가다랭이 국물 혹은 다시마 국물 ¾컵(다시마 4×4cm 1장, 가다랭이 가루 한 줌, 물 1½컵)

1 달걀은 2개씩 나눠 곱게 푼다.

2 닭고기는 안심인 경우 가운데 흰색 힘줄을 제거하고 비스듬히 한입 크기로 얇게 저며 썬다. 닭다리 살은 껍질을 제거한 후 여분의 기름을 잘라내고 얇게 저며 썬다.

3 양파는 동그스름하게 반달 모양으로 굵게 썰고, 쪽파는 송송 썬다.

5

4 다시마는 젖은 면보로 표면의 흰 가루를 닦은 후 분량의 물을 붓고 끓인다. 한소끔 끓어오르면 불을 줄이고 5분 정도 더 끓인 후 불을 끄고 가다랭이 가루를 넣은 후 5~10분 정도 두었다가 체에 거른다. 분량의 국물에 간장과 맛술, 청주, 설탕을 넣고 섞는다.

5 재료들은 모두 반으로 나눠서 1인분씩 만든다. 팬에 ④의 국물을 반 정도 붓고 끓이다가 한소끔 끓으면 닭고기 1인분을 넣고 좀 더 끓인다. 닭고기 색이 변하면서 익으면 양파도 1인분을 넣고 투명하게 익을 때까지 끓인다.

※1인분씩 나눠서 만들면 밥 위에 얹기 편하고 모양도 예쁘게 된다.

6

6 ⑤에 ①의 달걀(2개 분량)을 크게 원을 그리면서 넣고 뚜껑을 덮어서 약한 불에서 살짝 익히다가 불을 끄고 잠시 둔다. 남은 열을 이용해서 달걀이 부드럽게 익으면 밥 위에 얹고 쪽파를 뿌린다.

※달걀은 기호에 따라 1개나 1개 반 정도 풀어 넣어도 좋고, 닭고기 양도 원하는 만큼 조절한다.

달걀버터밥

재료 |
달걀노른자 2개
맛김 2장
가다랭이 가루 2g
버터 · 간장 1큰술씩
통깨 2작은술
밥 2공기

1 달걀은 노른자만 따로 담아두고, 맛김은 비닐 팩에 넣고 잘게 부순다. 가다랭이 가루와 간장은 한데 담아 섞는다.

2 밥은 1공기씩 그릇에 담고 김을 넓게 펴 얹은 후 달걀노른자와 가다랭이 가루를 넣은 간장 적당량, 버터를 얹고 통깨를 뿌려서 비벼 먹는다.

POINT 간장에 가다랭이 가루를 섞어서 밥에 비비면 감칠맛이 나면서 훨씬 풍성한 맛을 즐길 수 있다. 여기에 쪽파를 송송 썰어 넣어도 맛있다.

달걀스팸마요덮밥

1 달걀은 볼에 곱게 푼 다음 소금을 약간 넣고 심심하게 간한다.

2 스팸은 작게 주사위 모양으로 썬다.

3 양파는 분량의 ⅔는 동그스름하게 반달 모양으로 굵게 썰고, 나머지는 잘게 다진 후 물에 헹궈서 물기를 제거하고 마요네즈에 버무려 둔다.

4 달군 팬에 기름을 두르고 ①의 달걀물을 넣고 크게 저으면서 부드럽게 익혀서 따로 담아둔다.

5 스팸은 ④의 팬을 키친 페이퍼로 닦은 후 갈색빛이 돌도록 달달 볶는다.

6 양파는 ⑤의 팬을 키친 페이퍼로 닦은 후 기름을 약간 두르고 볶다가 간장과 청주, 올리고당을 분량대로 넣고 골고루 섞으면서 간이 배도록 좀 더 볶는다.

7 밥을 그릇에 나눠 담고 한쪽으로 ④와 ⑤, ⑥과 ⑥의 남은 양념장을 적당량 얹은 후 ③의 양파마요를 올린다.

재료 |

달걀 3개, 스팸(통조림 작은 것) ⅔캔
양파 ¾개, 마요네즈 2큰술, 간장 1½큰술
올리고당 1큰술, 청주 2작은술
소금 · 식용유 약간씩, 밥 2공기

POINT 양파마요는 밥에 넣고 비비면 아삭아삭 씹히는 맛이 좋고, 마요네즈의 느끼한 맛도 줄일 수 있다. 양파는 물에 한번 씻은 후 물기를 제거하고 마요네즈에 넣어 버무린다.

1 달걀은 볼에 곱게 푼 후 우유와 소금, 후춧가루를 약간 넣고 골고루 섞는다. 달걀의 양은 기호에 따라 조절한다.

2 닭다리 살은 껍질을 벗기고 불필요한 지방을 제거한 후 작게 썰고, 양파도 작게 썬다.

3 달군 팬에 기름을 두르고 양파를 볶다가 양파가 투명하게 익으면 닭고기를 볶으면서 청주를 넣고 소금과 후춧가루로 간한다. 식용유 대신 버터를 사용해도 좋다.

4 ③에 토마토 통조림과 토마토케첩을 넣고 끓이는데 수분기가 조금 없어질 때까지 졸이듯이 끓인다. 토마토 통조림과 토마토케첩을 함께 넣으면 토마토의 맛과 향이 더 풍부해진다.

5 ④에 고슬고슬한 밥을 넣고 볶으면서 소금과 후춧가루로 간한다.

6 달군 팬에 기름을 두르고 ①의 달걀물을 조금 떨어뜨려 봐서 바로 색깔이 변하면 달걀물의 반 정도만 넣고 동글게 펴서 살짝 저어가며 반숙 정도로 익힌 후 불을 끈다.

7 ⑥의 중앙에 ⑤를 길게 얹고 양쪽에서 감싸듯이 달걀을 덮어서 모양을 만든다.

8 오므라이스 위에 접시를 덮은 후 팬을 뒤집어서 접시에 얹거나 팬을 살살 기울여가며 오므라이스를 뒤집어서 접시에 담는다.

9 분량의 소스 재료를 섞어 오므라이스 위에 뿌린다. 소스 대신 토마토케첩을 뿌려 먹어도 좋다.

재료 |

달걀 4개

닭다리 살 150g

양파 ½개

밥 1⅔공기

토마토(통조림) · 토마토케첩 4큰술씩

우유 2큰술

청주 ½큰술

소금 · 후춧가루 · 식용유 약간씩

소스

토마토케첩 · 돈가스 소스 1½큰술씩

핫 소스 1작은술

달걀파 볶음밥

 1, 2

 3

 4

 5

 6

 7

재료 |

달걀 3개

굵은 파 ⅓대

밥 2공기

간장 2작은술

참기름 · 식용유 ·

소금 · 후춧가루 약간씩

1 달걀은 곱게 풀어서 소금으로 살짝 간한다.

2 굵은 파는 길게 십자 모양으로 자른 후 송송 썬다.

3 달군 팬에 기름을 두르고 달걀물을 넣어 크게 저으면서 부드럽게 익혀서 따로 담아둔다.

4 ③의 팬에 참기름과 식용유를 반반씩 넉넉히 두르고 고슬고슬한 밥을 넣어 주걱으로 눌러가며 고루 볶는다.

5 ④가 적당히 볶아지면 팬의 가장자리를 따라 간장을 넣고 골고루 섞는다.

6 ⑤에 ③의 달걀을 넣고 밥을 가르듯이 골고루 섞어가며 볶는다. 너무 오래 볶으면 달걀이 단단해져 맛이 떨어지므로 살짝만 볶는다.

7 ⑥에 다진 파를 넣고 골고루 섞은 후 부족한 간은 소금과 후춧가루로 맞춘다.

수란버터볶음밥

재료 |

달걀 2개
밥 2공기
버터 2큰술
식초 ½큰술
소금 · 간장 적당량씩

1 먼저 수란을 만든다. 달걀은 미리 상온에 두었다가 그릇에 깨서 담아둔다. 물 5컵을 끓이다가 기포가 생기면서 끓기 시작하면 식초(⅛큰술)와 소금(1작은술)을 넣고 중·약불로 줄인다. 국자로 물을 빙글빙글 돌려 소용돌이를 일으킨 다음 가운데 부분에 달걀을 가만히 넣는다. 그대로 3분 정도 지난 후 꺼낸다(25쪽 참고).

2 달군 팬에 버터를 녹인 후 고슬고슬한 밥을 넣고 골고루 섞는다.

3 밥에 버터가 배면서 볶아지면 팬의 가장자리를 따라 간장 2작은술을 넣고 골고루 섞으면서 좀 더 볶는다. 부족한 간은 소금으로 맞춘다.

4 ③의 밥을 그릇에 담고 수란을 조심스럽게 깨서 얹은 후 간장을 약간 뿌린다.

POINT 볶음밥을 만들 때는 갓 지은 밥보다 고슬고슬하게 지어 놓은 찬밥이 수분이 적어서 좋다. 달군 팬에 버터와 밥을 넣고 볶다가 간장으로 간을 맞춘 후 잘 어우러지도록 고루 섞으면서 좀 더 볶는다.

재료 |

달걀 4개
스팸(통조림 작은 것) ½캔
단무지 40g
오이 ⅔개
밥 1½공기
김밥용 김 4장
소금 · 식용유 약간씩

밥 양념

참기름 1큰술
통깨 ½큰술
소금 약간

스팸 양념

올리고당 ½큰술
간장 2작은술
청주 1작은술

1 달걀은 곱게 풀어 소금을 조금 넣고 심심하게 간한다.

2 스팸과 단무지는 적당한 두께로 채 썬다.

3 오이는 소금으로 문질러 씻은 후 2~3등분해서 돌려깎기 한 후 가늘게 채 썰어서 소금을 살짝 뿌려 절였다가 물기를 짠다.

4 고슬고슬하게 지은 뜨거운 밥에 밥 양념을 넣고 골고루 섞어서 식힌다. 김은 ⅔ 크기로 자른다.

5 달군 팬에 기름을 두르고 ③의 오이를 넣고 아삭할 정도로 살짝만 볶아 따로 담아둔다.

6 ⑤의 팬을 키친 페이퍼로 닦은 후 ②의 스팸을 넣고 볶다가 분량의 양념을 넣고 좀 더 볶는다.

7 김발 위에 김을 놓고 4등분한 밥을 얇게 펴 얹은 후 스팸, 오이, 단무지를 가지런히 올려서 돌돌 만다.

8 달군 팬에 기름을 살짝 두르고 ①의 달걀물을 ¼ 정도만 넣어서 넓게 편다. 반숙보다 약간 더 익으면 ⑦을 얹어서 돌돌 말아 끝 부분이 잘 붙도록 살짝 눌러가며 좀 더 익힌다.

9 나머지 김밥도 같은 방법으로 만든 후 먹기 좋은 크기로 썬다.

1, 2, 3

4

5

6

7

8

재료 |

달걀 3개

쪽파 3뿌리

김 ½장

밥 1½공기

식용유 약간

고추냉이간장

(간장 2작은술 · 고추냉이 약간)

달걀 양념

설탕 ½큰술

맛술 2작은술

간장 ½작은술

소금 ¼작은술

다시마 국물 혹은 물 3큰술

배합초

식초 2작은술

설탕 1작은술

소금 ¼작은술

1 달걀은 곱게 풀어서 분량의 양념을 넣고 골고루 섞는다.

2 달군 팬에 기름을 조금 두르고 키친 페이퍼로 전체적으로 펴주면서 여분의 기름은 닦는다. 중·약불에서 ①의 달걀물을 ⅓ 정도만 부어 전체적으로 고루 편 후 반숙보다 약간 더 익으면 살살 대두리를 떼어가며 적당한 두께로 만다.

3 ②의 달걀말이는 한쪽으로 밀어놓고 프라이팬의 빈 공간에 기름을 약간 두른 후 키친 페이퍼로 닦는다.

4 ③의 프라이팬 빈 공간에 나머지 달걀물을 반 정도 붓고 전체적으로 펴 준다. 이때 미리 구운 달걀말이를 살짝 들어 올려 밑으로 기름을 바르고 달걀물이 들어가도록 한다. 마찬가지로 반숙보다 약간 더 익으면 달걀말이를 굴려서 돌돌 만다. 나머지 달걀물도 같은 방법으로 한다. 달걀말이가 완성되면 한김 식힌 후 적당한 두께로 썬다.

5 쪽파는 5cm 길이로 자르고, 김은 길쭉하게 띠 모양으로 자른다.

6 배합초 재료는 한데 담아 섞은 후 따뜻한 밥에 넣고 골고루 버무린다.

7 초밥은 손에 쥐고 타원형 모양으로 만든 후 달걀말이를 올리고 쪽파를 곁들여 김으로 둘러 고정시킨다.

8 ⑦의 초밥에 고추냉이간장을 곁들인다.

POINT   배합초 재료는 한데 섞은 후 갓 지은 고슬고슬한 밥에 넣고 골고루 섞는다. 양념이 고루 배도록 주걱을 세워서 선을 긋듯이 대충 섞은 후 전체적으로 버무린다. 배합초는 설탕과 소금이 녹을 정도로만 살짝 데워서 식혔다가 사용하면 버무리기가 훨씬 수월하다.

재료 |

달걀 1개
굵은 파 ¼대
김 ½장
현미밥 1½공기
간장 ½큰술
참기름 · 깨소금 2작은술씩
청주 1작은술
소금 약간
다시마(5×5cm) 1장
물 4½컵

1 달걀은 볼에 곱게 푼다.

2 굵은 파는 잘게 다지듯이 썰고, 김은 구워서 비닐 팩에 넣고 잘게 부순다.

3 다시마는 젖은 면보로 표면의 흰 가루를 닦는다.

4 냄비에 분량의 물과 다시마를 넣고 끓인다. 한소끔 끓어오르면 불을 줄이고 5분 정도 더 끓인 후 다시마는 건져내고 간장과 청주로 심심하게 간한다.

5 ④에 현미밥을 넣고 바글바글 한소끔 끓인 후 불을 줄이고 나무 주걱으로 가끔씩 저어가며 뭉근하게 끓인다.

6 밥이 어느 정도 풀어지면 ①의 달걀을 줄알을 친 다음 다진 파를 넣고 골고루 저은 후 소금으로 간을 맞춘다.

7 그릇에 나눠 담고 부순 김과 깨소금, 참기름을 뿌린다.

POINT 현미밥 대신 쌀밥이나 잡곡밥도 괜찮다. 시간이 없을 때는 국물을 적게 잡고 밥을 넣어서 우르르 한번 끓인 후 쌀알이 부드러워지면 달걀을 풀어 넣어서 국밥처럼 끓여 먹어도 맛있다. 단시간에 조리할 수 있고 맛도 구수하고 담백해서 아침 식사로 그만이다.

재료 |

달걀노른자 2개
쌀 1컵
당근 ⅙개
양파 ¼개
애호박 ⅙개
생표고버섯 1개
쪽파 1뿌리
참기름 · 소금 ·
간장 · 깨소금 약간씩
다시마(10×10cm) 1장
물 6컵

1 달걀은 노른자만 따로 담아둔다.
2 쌀은 씻어서 1시간 정도 불렸다가 비닐 팩에 넣고 방망이로 적당히 부수거나
핸드 블렌더로 거칠게 간다.
3 당근과 양파, 애호박은 작게 썰고, 표고버섯은 밑동을 자르고 작게 썬다. 쪽파
도 잘게 송송 썬다.
4 다시마는 젖은 면보로 표면의 흰 가루를 닦는다.
5 달군 냄비에 참기름을 두르고 ②의 쌀을 넣고 달달 볶다가 분량의 물과 다시
마를 넣고 한소끔 끓인다. 바글바글 끓어오르면 불을 줄이고 5분 정도 더 끓인
후 다시마는 건져내고 나무 주걱으로 가끔씩 저어 가며 끓인다.
6 쌀알이 어느 정도 퍼지면 쪽파를 제외한 채소들을 넣고 좀 더 끓인다.
7 쌀알이 알맞게 퍼지면서 채소가 부드럽게 익으면 소금으로 심심하게 간한다.
8 그릇에 나눠 담고 죽 위에 달걀노른자와 쪽파를 얹은 후 깨소금, 참기름, 간장
을 약간 뿌린다.

POINT 불린 쌀은 비닐 팩에 담아서 방망이로 적당히 부수거나 핸드 블렌더로
살짝 갈아서 사용하면 시간을 절약할 수 있고 더 부드러운 죽이 된다. 물은 보
통 쌀의 6~7배 정도 부어서 끓이는데 되직하다고 중간에 물을 더 부으면 죽이
퍼져서 맛이 덜하다. 혹시 물이 부족하다 싶을 때는 뜨거운 물을 붓는다.

1, 2

3

재료 | 달걀 2개, 배추김치 3장, 김 ½장, 굵은 파 ⅓대, 우동 면 2봉지, 후춧가루 약간

우동 국물 다시마(10×10cm) 1장, 가다랭이 가루 한 줌, 간장 2큰술, 맛술 1½큰술, 소금 약간, 물 5컵

1 다시마는 젖은 면보로 표면의 흰 가루를 닦고 분량의 물을 부어 끓이다가 한소끔 끓으면 불을 줄이고 5분 정도 더 끓인다.

2 ①은 불에서 내린 후 가다랭이 가루를 넣고 5~10분 정도 두었다가 체에 거른다. 다시마는 가늘게 채 썰어 고명으로 사용한다.

3 배추김치는 잘 익은 것으로 준비해 속을 털어낸 후 작게 썰고, 김은 바삭하게 구워서 비닐 봉지에 넣고 잘게 부순다.

4 굵은 파는 4cm 길이로 토막 내어 십자 모양으로 4등분한다.

5 ②의 국물은 한소끔 끓이면서 간장과 맛술, 소금을 약간 넣고 간한 후 ③의 김치를 넣고 우동 면을 풀어 한소끔 끓인다. 이때 우동 국물과 재료들을 반으로 나눠서 1인분씩 냄비에 담아 끓인다.

6 ⑤의 우동이 어느 정도 익으면 굵은 파를 넣고 달걀을 조심스럽게 깨서 얹고 좀 더 끓이다가 불을 끈다.

7 ⑥에 다시마를 얹고 김 가루를 뿌린다. 후춧가루를 살짝 뿌리거나 얼큰한 맛을 즐기려면 고춧가루를 뿌려도 좋다.

달걀김치 냄비 우동

서양식 메뉴로

입맛 없는 아침 혹은 허세 밥상 차리고 싶은 날을 위하여!

Le sac
en papier merci
vos assiet
vos esp
vos fleu
votre an
vos balle
idées
rd Beaumarchais 75003 Paris
res et vos vêtements, contactez le 01 42 77 00 33

달걀채소샐러드

재료 | 달걀 2개, 아스파라거스 5개, 로메인 60g
비타민 40g, 아보카도 ½개, 베이컨 2장
레몬즙 · 소금 · 식초 · 후춧가루 약간씩
소스 올리브유 2큰술, 다진 양파 · 레몬즙 1큰술씩
꿀 2작은술, 홀그레인 머스터드 1작은술, 소금 ⅓작은술

1 달걀은 냄비에 달걀이 잠길 만큼 물을 부은 후
소금(1작은술)과 식초(½큰술)를 넣고 끓이다가
바글바글 끓으면 불을 줄이고 3~4분 정도 더 삶아
반숙으로 익힌다. 찬물에 담가 껍데기를 벗긴 후 4
등분한다.

2 아스파라거스는 질긴 섬유질 부분을 벗겨내고
2~3등분한 후 끓는 물에 소금을 조금 넣고 1분 정
도 데친다. 로메인과 비타민은 깨끗이 씻어서 물기
를 뺀 후 로메인은 적당한 크기로 썬다. 채소는 기
호에 따라 선택한다.

3 아보카도는 속씨를 제거하고 껍질을 벗겨 저며
썬 다음 레몬즙을 뿌려 갈변을 막는다.

4 베이컨은 작게 썰어서 달군 팬에 바삭하게 볶은
후 후춧가루를 살짝 뿌려 키친 페이퍼에 얹어 기
름을 뺀다.

5 분량의 소스 재료는 한데 담아서 골고루 섞는다.

6 준비한 재료들은 그릇에 보기 좋게 담고 소스를
골고루 끼얹은 후 바삭하게 구운 베이컨을 위에
올린다.

재료 |

달걀 3개

감자 ½개

양파 ⅓개

빨간 파프리카 ½개

브로콜리 50g

아스파라거스 2개

방울토마토 3개

옥수수 (통조림) 2큰술

우유 3큰술

피자치즈 50g

버터 1큰술

소금 · 후춧가루 약간씩

1 달걀은 곱게 푼 후 우유와 소금 ¼작은술, 후춧가루를 약간 넣고 심심하게 간한다.

2 감자는 4등분한 뒤 얇게 썰어서 물에 담가 두었다가 물기를 뺀다.

3 양파는 네모지게 썰고, 파프리카는 속씨를 제거한 후 양파와 비슷한 크기로 썬다.

4 브로콜리는 작게 송이를 나누고, 아스파라거스는 질긴 밑 부분을 칼로 저며낸 후 3등분하고, 방울토마토는 꼭지를 떼고 반으로 자른다.

5 옥수수는 체에 담아 물기를 뺀다. 피자 재료는 햄이나 베이컨, 시금치, 버섯 등 냉장고에 있는 것이나 기호에 따라 선택한다.

6 밑이 두꺼운 팬을 달군 후 버터를 녹이고 감자를 넣어 어느 정도 익을 때까지 볶다가 양파와 브로콜리, 파프리카를 넣고 좀 더 볶는다.

7 ⑥에 옥수수를 넣고 섞은 후 소금과 후춧가루로 심심하게 간한다.

8 ⑦의 팬에 ①의 달걀물을 붓고 살짝 익힌 후 피자치즈를 고르게 뿌리고, 아스파라거스와 방울토마토를 모양내어 장식한다.

9 ⑧은 뚜껑을 덮고 약한 불에서 서서히 익히는데 달걀이 눌어붙지 않도록 가끔 팬을 흔들어준다. 그냥 먹거나 토마토케첩을 곁들여도 좋다.

2, 3 ,4

6

8

에그베네딕트

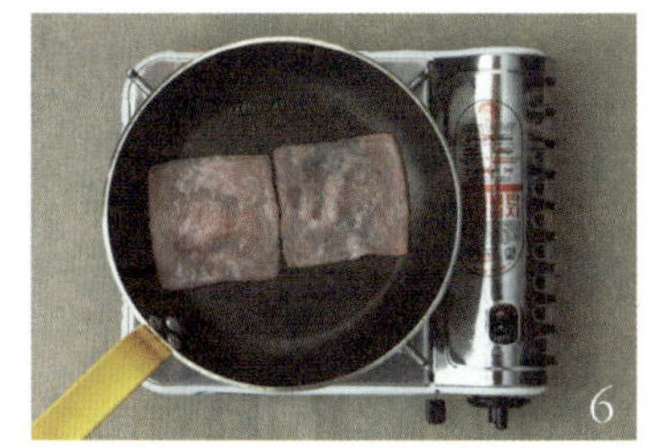

재료 |

달걀 2개

잉글리시 머핀 2개

슬라이스 햄 2장

식초 ½큰술

소금 1작은술

버터 · 식용유 약간씩

다진 파프리카(장식용) 약간

홀란데이즈 소스

달걀노른자 3개

녹인 버터 5큰술

화이트 와인 1큰술

레몬즙 2작은술

소금 · 후춧가루 약간씩

1 달걀은 각각 그릇에 깨서 담아둔다.

2 냄비에 물 5컵을 넣고 끓이다가 기포가 생기면서 끓기 시작하면 분량의 식초와 소금을 넣고 중·약불로 줄인다. 국자로 물을 돌려서 소용돌이를 일으킨 뒤 가운데 부분에 ①의 달걀을 조심스럽게 넣는다. 그대로 3분 정도 지난 후 꺼내 수란을 완성한다.

3 이번에는 홀란데이즈 소스를 만든다. 볼에 달걀노른자와 화이트 와인을 넣고 뜨거운 물에 볼이 닿지 않도록 중탕시키면서 거품기로 저어서 마요네즈 정도의 농도로 완성한다. 화이트 와인이 없으면 넣지 않아도 괜찮다.

4 ③에 녹인 버터를 조금씩 넣으면서 분리되지 않도록 잘 저은 후 레몬즙과 소금, 후춧가루로 맛을 낸다. 레몬즙은 기호에 따라 가감한다.

※온도가 너무 높으면 달걀이 익을 수 있으므로 볼을 꺼내 식혀 주면서 젓다가 다시 중탕한다.

5 잉글리시 머핀은 반으로 저며 썬 뒤 안쪽에 버터를 조금 바르고 달군 팬에 굽는다.

6 머핀을 덜어낸 팬에 기름을 약간 두르고 햄을 앞뒤로 굽는다.

7 ⑤의 머핀에 햄을 얹고 수란을 조심스럽게 올린 뒤 홀란데이즈 소스를 뿌린다. 마지막으로 파프리카 다진 것을 올려 장식한다.

재료 |

달걀 2개

식빵 2장

우유 6큰술

설탕 2작은술

버터 · 메이플시럽 · 슈거 파우더 약간씩

요구르트 소스

플레인 요구르트 4큰술

블루베리 혹은 냉동 블루베리 2큰술

꿀 2작은술

1 달걀은 볼에 곱게 푼 다음 우유와 설탕을 넣고 고루 섞는다.

2 ①에 식빵을 담가 앞뒤로 뒤집어가며 손으로 살살 눌러서 달걀물을 충분히 흡수시킨다.

3 달군 팬에 버터를 넉넉히 녹인다. 거품이 생기면서 버터가 녹으면 ②의 식빵을 얹어 모두 흡수시킨 후 중·약불에서 3~4분 정도 굽는다. 이때 남은 달걀물은 흘러내리지 않도록 빵 위에 조심스럽게 붓는다. 한쪽 면이 알맞게 구워지면 뒤집는다.

4 ③에 다시 버터를 조금 녹인 후 버터를 골고루 흡수시키고 2~3분 정도 더 굽는다. 뜨거울 때 접시에 담고 버터 한 조각을 위에 얹은 후 메이플 시럽 혹은 슈거 파우더를 뿌린다.

※ 차가운 플레인 요구르트에 블루베리와 꿀을 함께 넣고 섞은 후 뜨거운 프렌치토스트에 곁들여 먹어도 맛있다. 냉동 블루베리를 사용해도 좋으며 냉동인 경우는 미리 꺼내서 부드럽게 해 둔다.

1

2

3

재료 |

달걀 2개

베이컨 4장

양상추 2장

마요네즈 2큰술

다진 양파 1큰술

홀그레인 머스터드 · 꿀 1작은술씩

식초 ½큰술

소금 · 후춧가루 · 버터 약간씩

모닝빵 2개

1 달걀은 냄비에 넣고 달걀이 잠길 만큼 물을 부은 후 소금(1작은술)과 식초(½ 큰술)를 넣고 삶는다. 끓기 시작하면 10~11분 정도 더 삶아서 찬물에 담가 껍데기를 벗긴다. 뜨거울 때 포크로 잘게 으깬다.

2 달군 팬에 베이컨을 얹어 앞뒤로 구우면서 후춧가루를 살짝 뿌린다.

3 양상추는 깨끗이 씻어서 물기를 제거하고, 다진 양파는 물에 살짝 헹궈서 물기를 뺀다.

4 ①에 분량의 마요네즈와 다진 양파, 홀그레인 머스터드, 꿀, 소금과 후춧가루를 약간 넣고 버무린다.

5 모닝빵은 반으로 저며 썬 후 안쪽에 각각 버터를 바른다.

6 ⑤의 한쪽에 양상추를 적당하게 접어 얹고 베이컨을 올린 후 ④를 듬뿍 얹어 나머지 빵으로 덮는다.

재료 | 달걀 2개, 아스파라거스 3개, 새송이버섯 ½개, 어린잎 채소 적당량,
에멘탈 치즈(혹은 피자용 치즈 · 슬라이스 체다치즈) 30g, 소금 · 후춧가루 · 식용유 약간씩
크레이프 반죽 달걀 1개, 우유 ¾컵, 설탕 1큰술, 녹인 버터 ½큰술, 소금 약간, 밀가루 ½컵

1 먼저 크레이프 반죽을 만든다. 볼에 달걀을 풀고 분량의 우유를 넣어 섞은 후 설탕과 녹인 버터, 소금을 약간 넣고 골고루 섞는다.

2 ①에 체 친 밀가루를 넣고 골고루 섞은 후 체에 한번 내려서 멍울 없이 준비한다.

※ 분량의 반죽은 크레이프 크기에 따라 4~6장 정도 만들 수 있다.

3 아스파라거스는 질긴 섬유질 부분을 벗겨내고 3~4등분한다. 새송이버섯은 길게 반으로 잘라 저며 썰고, 어린잎 채소는 물에 씻어 물기를 제거한다.

4 에멘탈 치즈는 얇게 썬다.

5 달군 팬에 기름을 두르고 아스파라거스를 굽다가 어느 정도 익으면 새송이버섯을 넣고 살짝 더 구우면서 소금과 후춧가루로 간한 후 따로 담아둔다.

6 충분히 달군 팬에 기름을 약간 두르고 키친 페이퍼로 고르게 닦아낸 다음 약한 불에서 ②의 반죽을 한 국자 떠 얹어 얇게 편다.

7 ⑥의 중앙에 달걀을 하나 깨 얹고 흰자 부분은 넓게 편다.

8 ⑦의 흰자 부분에 치즈를 분량의 반 정도 얹고, 버섯과 아스파라거스도 반만 올린 후 사방을 약간씩 접어서 네모 모양으로 만든다.

9 달걀 위에 소금과 후춧가루를 조금 뿌린 후 약한 불에서 치즈가 살짝 녹을 정도로만 익힌다.

10 접시에 담고 어린잎 채소를 곁들인다. 같은 방법으로 두 장을 만든다.

1, 2

3

5

6

7

8

재료 |

달걀 4개

프랑크소시지 2개

양파 ½개

양송이버섯 4개

쪽파 2뿌리

우유 2큰술

소금 · 후춧가루 · 식용유 약간씩

토마토케첩 약간

1 달걀은 볼에 곱게 푼 후 우유를 넣고 소금과 후춧가루로 심심하게 간한다.

2 소시지는 끓는 물에 살짝 데쳐 동글동글하게 썬다.

3 양파는 반으로 잘라 동그스름하게 채 썬다. 양송이버섯은 밑동의 끝 부분을 자르고 모양대로 얇게 저며 썰고, 쪽파는 다듬어서 송송 썬다.

4 달군 팬에 기름을 두르고 소시지와 양파를 볶는다. 소금과 후춧가루를 살짝 뿌려 간을 한 후 양파가 투명하게 익으면 그릇에 담아둔다.

5 ④의 팬을 키친 페이퍼로 닦은 후 기름을 두르고 ①을 반 정도만 부어서 살짝 저어가며 반 숙으로 익힌 후 소시지와 양파 볶음, 양송이 버섯을 한쪽에 길게 반 정도만 얹는다.

6 ⑤에 쪽파를 반 정도 올린 후 반달 모양으로 접어서 약한 불에서 좀 더 굽는다. 너무 오래 구우면 달걀이 단단해지면서 맛이 떨어지므로 주의한다.

7 같은 방법으로 오믈렛 한 개를 더 만든다. 상에 낼 때 토마토케첩을 곁들인다.

옥수수채소달걀빵

재료 |
달걀 7개, 핫케이크 가루 1컵, 옥수수(통조림) 2큰술
슬라이스 체다 치즈 · 슬라이스 햄 1장씩, 우유 4큰술
다진 양파 · 당근 2큰술씩
소금 · 파슬리가루 약간씩

1 핫케이크 가루는 체에 내린다.
2 옥수수는 체에 밭쳐 물기를 빼고, 치즈와 햄은 작게 썬다.
3 볼에 달걀 한 개를 푼 후 분량의 우유와 핫케이크 가루를 넣고 골고루 섞는다. 여기
에 옥수수와 잘게 다진 양파, 당근도 넣어 반죽한다.
4 머핀용 틀에 ③을 3~4부 정도만 부은 후 달걀 한 개씩을 깨 넣고 달걀 위에 소금을
살짝 뿌린다.
5 ④의 흰자 위에 치즈와 햄을 얹고 170℃ 오븐에서 20~25분 정도 굽는다. 완성된
빵 위에 파슬리 가루를 조금씩 뿌린다.

POINT 빵 반죽은 머핀 틀의 3~4
부 정도만 부어야 달걀을 한 개씩
얹었을 때 넘치지 않는다. 또한 빵
이 구워지면서 부풀어 오를 공간
을 남겨둬야 완성했을 때 모양이
가지런하고 예쁘다.

레몬소스달걀팬케이크

재료 |
달걀 1개
우유 3큰술
플레인 요구르트 2큰술
핫케이크 가루 1컵
식용유 약간
레몬 소스
레몬 ¼개
물 3큰술
설탕 2큰술

1 달걀은 곱게 푼 뒤 우유와 요구르트, 핫케이크 가루를 넣어 골고루 섞는다. 팬케이크 반죽에 요구르트나 생크림을 넣으면 더욱 부드럽고 고소한 맛이 난다.

2 달군 팬에 식용유를 약간 두른 후 키친 페이퍼로 닦아내고 ①을 적당히 떠 얹어 동그랗게 모양을 만든다.

3 ②는 약한 불에서 천천히 굽다가 윗부분에 기포가 생기면 뒤집어서 반대편도 굽는다. 중앙 부분이 봉긋하게 부풀면 거의 익은 셈. 두 번째 구울 때부터는 기름을 두르지 않아도 된다.

※기호에 따라 버터를 녹여서 구우면 더욱 부드럽고 풍미가 깊어진다.

4 레몬은 깨끗이 씻은 후 껍질째 동글게 슬라이스한다.

5 분량의 물과 설탕을 팬에 넣고 약한 불에서 2~3분 정도 끓여 끈기가 생기면 ④의 레몬 슬라이스를 넣고 2분 정도 더 끓인다.

6 팬케이크를 접시에 담고 ⑤의 레몬 소스를 뿌린 후 레몬 한쪽을 올린다.

※레몬은 끓는 물에 살짝 데친 후 굵은 소금으로 문질러 씻는다.

※팬케이크에 올리는 소스나 토핑 재료는 다양하다. 버터 한 조각과 메이플 시럽을 얹어 먹어도 맛있고, 딸기나 블루베리 등을 설탕, 레몬즙에 조려 만든 콩포트도 잘 어울린다. 또 플레인 요구르트에 꿀을 섞어 팬 케이크에 올린 후 좋아하는 과일을 듬뿍 얹어 먹어도 맛있다.

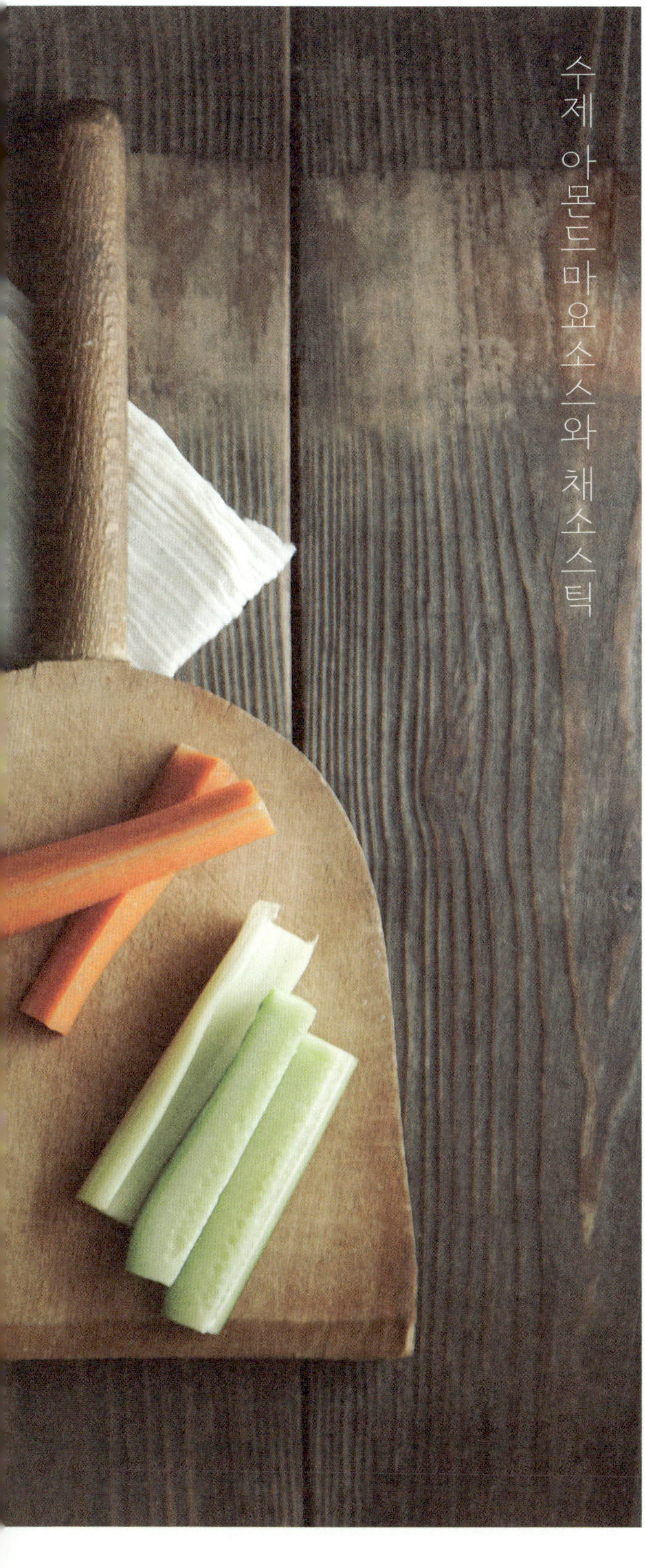

재료 |
달걀 1개, 아몬드 20개
식초 1큰술, 설탕 1작은술
소금 ⅓작은술, 식용유(포도씨유나 카놀라유 등) 1컵
채소
오이 ½개, 당근 ⅓개, 셀러리 ⅓대

1 달걀은 미리 실온에 꺼내두고, 아몬드는 고소한 맛을
더하기 위해 팬에 달달 볶는다.
2 ①과 분량의 식초, 설탕, 소금을 용기에 담고 식용유도
함께 넣어서 핸드 블렌더로 고루 섞으면서 간다. 적당한
농도가 될 때까지 가는데 좀 더 부드러운 맛을 원하면 기
름의 양을 약간 늘린다.
3 오이는 소금으로 문질러 씻어서 스틱 모양으로 썰고,
당근도 비슷한 크기로 썬다.
4 셀러리는 질긴 섬유질 부분을 잡아당겨 벗긴 후 다른
채소와 비슷한 크기로 썬다.
5 ②의 소스와 준비한 채소를 보기 좋게 곁들인다.
※**두반장마요소스** 수제 아몬드마요소스(2큰술), 두반장(½작은
술), 다진 마늘(⅓작은술)을 한데 담아 골고루 섞으면 된다. 아몬드
마요소스 대신 일반 마요네즈를 넣어도 괜찮다.

POINT 핸드 블렌더로 아몬드마요소스를 만들 때는 재
료들을 모두 한데 넣고 갈면 된다. 하지만 믹서를 사용할
때는 식용유를 제외한 나머지 재료들을 먼저 섞은 후 식
용유를 4~5번 정도로 나눠서 넣어야 분리되지 않는다.
처음에는 식용유를 아주 조금씩 넣고 섞다가 재료가 어
느 정도 응고되면 양을 늘린다. 달걀은 미리 실온에 꺼내
두었다가 사용한다.

오늘도 맛있게 먹었습니다.

每日 달걀

초판 1쇄 발행 2015년 5월 10일
초판 2쇄 발행 2015년 9월 1일

지은이 | 김수연
펴낸이 | 김우연, 계명훈
기획 · 진행 | fbook
          김수경, 김연, 배수은, 박혜숙, 최윤정
마케팅 | 함송이
경영지원 | 이보혜
디자인 | design group ALL(02-776-9862)
사진 | 이정민(물나무스튜디오 02-798-2231)
그릇 협찬 | 화소반(www.hsoban.co.kr)
교정 | 김혜정
펴낸 곳 | for book 서울시 마포구 공덕동 105-219 정화빌딩 3층
          02-753-2700(판매) 02-335-3012(편집)
출판 등록 | 2005년 8월 5일 제 2-4209호

값 7,000원
ISBN 979-11-86455-74-6   13590